基于农户收入差异视角的农田水利设施供给效果研究

EFFECTIVENESS OF IRRIGATION SUPPLY FROM THE PERSPECTIVE OF DIFFERENTIAL FARMERS' INCOME

贾小虎 著

U0253374

中国农业出版社

北 京

摘　　要

　　农村公共产品的有效供给对农村经济发展、提高农民生活水平以及推进城镇化建设发挥重要促进作用。我国作为农业大国，农业是国民经济发展的基础产业，在我国经济发展中发挥至关重要的作用。农田水利设施作为农业生产的根本命脉，其供给效果直接影响农业生产的效率。然而，我国农田水利设施供给效果不容乐观，农田水利设施供给规模不足、结构不合理、设施管理不到位、维护不及时等问题日益显现。实地调研过程发现，在一些农田水利设施配套较完善的地方，由于基层水利管理者缺失及管理制度不健全等供给软件不到位，制约农田灌溉"最后一公里"的瓶颈问题依然存在。而在农田水利设施供给过程中，政府"自上而下"的供给决策机制与农户需求脱节，致使农田水利设施供需严重错位，供给的不合理性进一步恶化，供给效果亟待提高。

　　农田水利设施供给效果既包括客观效果（供给水平），也包括主观效果（农户个体结合农田水利设施供给现状和自身需求意愿所做出的满意度评价）。鉴于农户个体决策行为的异质性，随着农户农业收入差异的扩大，不同农业收入水平农户对农田水利设施的需求存在明显的目标差异和心理偏好差异，导致农户对农田水利设施供给效果的感受和评价需考虑农户收入差异的影响。因此，从农户收入差异视角出发，注重农户个体对农田水利设施供给的满意度评价，结合客观供给水平来评价农田水利设施供给效果，不仅有利于我国政府推进农田水利设施公共服务均等化，而且能促进农业生产转型。因此，基于农户收入差异视角研究农田水利设施供给效果，揭示村庄与农户两个层面的因素影响农田水利设施供给效果的程度及方向，提出改善农田水利设施供给效果的政策建议。

　　本书以公共产品理论、帕累托最优理论、集体行动理论、消费者行为理论为指导，在梳理国内外农田水利设施等公共产品供给相关文献的基础上，运用定性分析与定量分析相结合的研究方法，围绕农田水利设施供给水平评价、收入差异农户对农田水利设施供给满意度、农田水利设施供给效果展开系统研究。首先，构建相对完善的农田水利设施供给水平评价指标体系，采用因子分析法测算所调查地区的农田水利设施供给水平并进行综合评价。在此基础上，运用 Tobit 模型考察影响农田水利设施供给水平的因素。其次，测算农户收入差异并对农户进行分组，采用有序 Logit 模型对不同收入差异组农户对农田水利设施供给的满意度进行分析，探讨不同收入差异组农户对农田水利设施供给的满意度及其影响因素。最后，从农田水利设施供给水平和农户满意度两个方面构建农田水利设施供给效果评价指标体系，采用分层线性模型考察村庄层因素和农户层因素对农田水利设施供给效果的影响效应，探析农户收入差异影响农田水利设施供给效果的路径。

得出的主要研究结论如下。

(1) 1949 年至今，根据我国农田水利设施供给的变化，可以将其发展历程分为改革开放前与改革开放后两大阶段。这两大阶段又可以分为六个时期，即农田水利供给恢复时期、快速发展与巩固时期、低谷时期、调整时期、深化改革时期和多元化供给时期。通过各时期分析总结得出，政府依然是农田水利设施供给不可或缺的主导力量，农田水利设施供给陷入停滞、低谷时期，甚至出现倒退现象，都与政府供给的缺失有关；从农田水利设施供给方式的发展轨迹来看，农田水利设施供给呈现多元化格局，政府角色逐步淡化，非政府供给日益凸显。我国各区域自然资源禀赋与经济发展水平存在较大差异，导致农田水利设施供给地区差异明显，从整体水平来看，中部和东部地区农田水利建设明显好于西部地区，且中部地区发展迅速。

(2) 调查省份农田水利设施的供给水平偏低且地区差异较大，宁夏的农田水利设施供给水平最高，其次是陕西省，河南省最低。农田水利设施供给水平高的地区在渠道建设、清淤及配套设施建设方面发展较快，而农田水利设施供给水平低的地区在新设施建设和渠道管理维护方面存在不足。纵向比较发现，三个地区的平均得分中基础性供给能力因子、保障性供给能力因子及技术性供给能力因子得分分别为 0.003、0.001 和 0.000 02，超过平均水平，而社会性供给能力因子的平均得分为负值，低于平均水平；横向比较发现，三个地区的各因子得分差异较大，制约三个地区农田水利设施供给整体水平提高的关键因子各不相同；农户收入差异、打工日工资水平、是否为示范基地和政府投资力度对农田水利设施供给水平有显著影响，而距县城距离、打工人数比、与附近村庄经济状况比较、是否有小农水重点建设项目这四个变量对农田水利设施供给水平没有显著影响。

（3）总体来看，农户对农田水利设施供给满意度评价处于中等水平，认为农田水利设施供给"较好"和"很好"的农户仅占45.33%。从农户收入差异分组来看，随着农户收入差异的扩大，农户对农田水利设施供给满意度的评价有提高的趋势，评价为"较好"和"很好"的比重，无差异组、低差异组、中差异组、高差异组分别为37.64%、48.28%、42.08%、50.72%，评价为"一般"和"不好"的比重明显下降。有序Logit模型结果表明，农户的基本灌溉需求是否满足，农田水利设施供给与邻村比较情况，农田水利设施灌溉的便利性，维护、管理情况是影响四组收入差异农户对农田水利设施供给满意度评价的共同因素，其他因素的影响存在一定差异。农户收入差异体现了农户个体在农业生产中的异质性，农户异质性程度越高，其对农田水利设施供给满意度的评价越具有明显的个体特征偏好，同时，影响农户农田水利设施供给满意度评价的因素也越多。

（4）农田水利设施的供给效果包括农户满意度和供给水平两个指标。总体来看，我国农田水利设施供给效果并不理想，农田水利设施的客观供给水平较低，农户的主观感知（即满意度）尚未达到理性预期，农田水利设施供给效果仍有较大提升空间。基于农户收入差异视角，利用分层线性模型研究农田水利设施供给效果，零模型估计结果表明，各村庄间农田水利设施供给存在差异，村庄层与农户层的因素共同对农田水利设施供给效果产生影响。随机截距模型估计结果表明，从村庄层面的因素来看，机井总数、渠道总长、水费收取率对农田水利设施供给效果有显著正向影响，农户收入差异对农田水利设施供给效果的影响在5%的水平上显著，且呈现倒"U"型关系，而距县城距离影响不显著；从农户层面的因素来看，政府重视程度、农田水利设施管理状况、农田水利设施近五年变化情况、与邻村比较情况、灌溉便利性、需求是否满足对农田水利设施供给效果有显著正向影响，是否有子女上学有显著负向影响，年龄、性别、受教育程度、是否担任村干部、农田水利设施维护情况、供水模式、水价评价对农田水利设施供给效果影响不显著。采用基尼系数、泰尔指数、最富有 40％人口所占收入份额三个指标所衡量的农户收入差异与农田水利设施供给效果的关系是一致的，在其他变量的方向和显著性都没有发生改变的条件下，这三个指标衡量的农户收入差异与农田水利设施供给效果均呈现倒"U"型关系。

关键字：农户收入差异；供给水平；满意度；供给效果；农田水利设施

ABSTRACT

The effective supply of rural public products plays an important role in the rural economic development, farmers' living standards improvement and the urbanization promotion. As an agricultural country, agriculture is the foundation of the development of national economic, agriculture production plays an vital role in the economic development of China. As the lifeblood of agriculture production, the supply effect of irrigation facilities directly affects the efficiency of agricultural production. Review the development of irrigation facilities supply in China, it has flourished after twists and turns, the farmland irrigation area improves form 223 million mu in 1949 to 9.68 million mu in 2014. However, we still face many challenges with the remarkable achievement as well. The shortage of irrigation facilities supply scale, the imbalance of supply structure, the maintenance and management problem of irrigation facilities have become increasingly apparent. In practical research, we found that due to the lack of grass-roots management and the imperfect of management system, farmland irrigation to "the last kilometer" bottleneck problem still exists, although the water irrigation facilities is in good condition in some places. Moreover, during the process of irrigation supply, the "top-down" supply mechanism disconnects the demand of farmers, which caused serious dislocation between supply and demand, worsen the imbalance of supply structure. Therefore, the supply effect needs to be improved.

The evaluation of irrigation facilities supply effect includes both the objective effect (the evaluation of irrigation facilities supply level) and the subjective effect, namely, the farmer's individual satisfaction evaluation which based on the combination of the current situation of irrigation facilities supply and their individual demand. Due to the heterogeneity of farmers' individual subjective judgment, with the expansion of their agricultural income disparity, there are obvious differences in objectives and psychological preferences between farmers with different agricultural income, which caused the evaluation of irrigation facilities supply effect from farmers by means of demand discrepancy posed the attributes of farmers' income difference. Therefore, from the perspective of farmers' agricultural income difference, focusing on the farmers' satisfaction, connecting with the objective supply level to study the effect evaluation of water irrigation facilities, which is not only conductive to the equalization of water irrigation facilities public service, but also a promotion for the transform of agricultural production. So, the main research questions of this dissertation include studying the effect evaluation of water irrigation facilities from the perspective of farmers' agricultural income difference, revealing the way to affect the supply effect of irrigation facilities from two levels of village and farmers, putting forward the policy suggestions to improve the supply effect of irrigation facilities.

Guided by the theory of public goods, Pareto optimal theory, collective action theory and consumer behavior theory, based on the analysis of domestic and foreign literature about public goods supply such as irrigation facilities, by combining qualitative and quantitative analysis methodology, this dissertation make comprehensively research about the evaluation of irrigation facilities supply level, satisfaction of farmers to irrigation facilities with different agricultural income and evaluation of irrigation facilities supply effect. As for the evaluation of irrigation facilities supply level: construct the evaluation index system of irrigation facilities supply level, use factor analysis method to comprehensively evaluate the irrigation supply level in different provinces (autonomous regions); On this basis, use Tobit model to investigate the influencing factors that have impacts of irrigation facilities supply level. As for the satisfaction of farmers to irrigation facilities with different agricultural income: divide farmers into different group based on measuring agricultural income difference, use ordered Logit model to analysis the satisfaction of farmers to irrigation facilities in different agricultural income groups, investigate the satisfaction of farmers to irrigation facilities in different agricultural income groups and the influencing factors. As for the evaluation of irrigation facilities supply effect: construct the evaluation index of irrigation facilities supply effect from the two aspects of irrigation facilities supply level and farmers' satisfaction, use hierarchical linear model to investigate the effect of influencing factors on irrigation facilities supply effect from village level and farmer level, analysis the way of influencing factors to affect irrigation facilities supply effect, especially the farmers' agricultural income differences.

Main research conclusions in this dissertation are as follows:

(1) Since 1949, the supply of irrigation facilities in our country has experienced two historical stages: before the reform and opening up, after the reform and opening up; the two stages can be divided into six periods of development, recovery period, rapid development and consolidation period, trough period, adjustment period, deepening reform period and diversified supply period. Through analysis of each period we got the following result, the government is still the dominant force in the irrigation facilities supply, the period of stagnation and trough, even regression of the irrigation facilities' construction are all related to the lack of government supply; From the perspective of the development traces of the irrigation facilities supply method, the role of government in irrigation facilities supply is gradually weak, private supply is increasing. Due to the regional differences between natural resource endowment and economic development level, irrigation facilities supply in China has obvious regional differences. From the overall level of view, the irrigation facilities supply in the central and east regions is significantly better than the west region, and the central region is developing rapidly.

(2) Water irrigation facilities supply level in our country is low and the regional difference is huge. Ningxia Province has the highest supply level of water irrigation facilities, followed by Shanxi Province, Henan Province has the lowest score. The channel construction, channel dredging and related matching facilities construction is develop rapidly in the area with high supply level of water irrigation facilities; on the contrary, the construction of new

facilities, channel management and maintenance is insufficient in the area with low level of water irrigation supply. Through longitudinal comparison of three areas, the average score of basic supply capacity factor, affordable supply capacity factor and technical supply capacity factor were 0.003, 0.001 and 0.000 02 respectively, above the average. However, the average score of social supply capacity factor is negative, which is lower than the average. Through horizontal comparison found that, the scores of each factor in the three regions was obviously different, the key factors that restrict the improvement of water irrigation facilities supply level were various. The farmers' agricultural income difference, the proportion of migrant workers, distance away from the county seat, whether as a demonstration base and the government support has a significant influence on the water irrigation facilities supply level; the wage of working out, the economic situation comparison with nearby villages, whether there is a key construction project of small scale peasant water don't have a significant influence on the water irrigation facilities supply level.

(3) Generally speaking, farmers' satisfaction for water irrigation facilities supply belongs to middle level, the percentage of farmers who consider "good" and "very good" was only 45.33%. From the result of agricultural income difference grouping, compared with the improvement of agricultural income difference, farmers' satisfaction for water irrigation facilities supply improved. The ratio of farmers who consider water irrigation facilities supply "good" and "very good" in the group of no difference, low difference, medium difference and high difference was 37.64%, 48.28%, 42.08% and 50.72%, respectively, the ratio of farmers who consider "so-so" and "bad" reduced obviously. The empirical analysis of ordered Logit model suggests that, the management of water irrigation facilities, the changes of water irrigation facilities in recent five years, the maintenance of water irrigation facilities, comparison with nearby villages, convenience of irrigation and the satisfied degree of requirement were the common factors that have impacts on farmers' satisfaction for water irrigation facilities supply in each

group of agricultural income difference, the influences of the other factors were different in each group. Agricultural income difference reflects the heterogeneity of the individual farmers in agricultural production, the greater of agricultural income difference, the higher heterogeneity degree of farmers, the evaluation of satisfaction for water irrigation facilities supply has obvious individual characteristic preference, meanwhile, there' re more factors that have impacts on farmers' satisfaction for water irrigation facilities supply.

(4) There are two indexes for the supply effect of water irrigation facilities, including farmers' satisfaction and water irrigation facilities supply level. Overall, supply effect of water irrigation facilities is not in good situation in our country, water irrigation facilities supply level is low, the subjective perception (satisfaction) of farmers has not yet reached the rational expectation, there's still greater room for the water irrigation facilities supply effect to improve. The empirical analysis of Zero Model suggests that there exist difference in the irrigation facilities between different villages, the factors of villages and farmers affect the supply effect of water irrigation facilities jointly. Use random intercept model to analyze the influence degree and direction of factors of villages and farmers, from the factors of villages, the number of motor-pumped well, the length of channel and collection rate of water fee have a significant positive effect on water irrigation facilities supply effect. The effect of agricultural income difference is significant at 5% level, and present inverted "U"-type relationship, distance away from the county seat doesn't have a significant influence on the water irrigation facilities supply effect. From the factors of farmers, the emphasis of the government, the management of water irrigation facilities, the changes of water irrigation facilities in recent five years, comparison with nearby villages, convenience of irrigation and the satisfied degree of requirement have a significant positive influence on the supply effect of water irrigation facilities, whether children attend school has a significant negative influence on the supply effect of water irrigation facilities. Age, gender, education

level, whether as village cadres, the maintenance of water irrigation facilities, supply mode and evaluation of water price don't have a significant influence on the supply effect of water irrigation facilities. Using Gene coefficient, Theil index and income shares of the richest 40% population to measure agricultural income difference, the relationship between agricultural income difference and water irrigation facilities supply effect is consistent. Under the condition of no change of the direction and significance of the other variables, agricultural income difference measured by three indicators all keep inverted "U"—type relationship with water irrigation facilities supply effect.

Keywords: farmers' income difference, supply level, satisfaction, supply effect, irrigation facilities

目　　录

导　论

1.1　问题的提出

作为农村居民最为关键的公共品之一，农田水利设施是农业生产的基本保障，农业综合生产能力提高的基础，可显著提高水资源利用效率，促进农业发展，且在保障国家粮食安全等方面发挥着巨大的作用（刘石成，2011）。农田水利基础设施是与农户进行农业生产活动联系最为紧密的环节，搞好农田水利基础设施的建设和管理，不仅有助于改善农业生产条件，实现粮食的稳产高产，增加农民收入，更是解决我国"三农"问题的基础。我国是一个农业大国，农业生产状况复杂，地区间气候类型与资源禀赋差异明显，增加了农田水利设施建设的难度。自我国农业实行家庭联产承包责任制以来，"人均一亩三分，户均不过十亩"的农户分散式经营体制下的小农经济是当前中国的基本形态（贺雪峰，2010），且该经营模式与传统的农田水利设施的集体建设管理模式已经不相适应，导致农田水利设施在建设和管理过程中出现了投入主体缺失、投资不足、监管不善、治理落后、产权不清等众多问题，使得农田水利设施供给效果陷入低水平的困境，严重影响了农业的发展。为了改善农田水利设施的建设，中央在 2008—2015 年的中央 1 号文件中均提出要加强并改进农田水利设施建设，特别是在 2011 年 1 月 29 日中央发布 1 号文件——《中共中央国务院关于加快水利改革发展的决定》，文件明确了新形势下水利的战略定位，制定和出台了一系列加快水利改革发展的新政策、新举措，文件分 8 个部分共 30 条，包括：新形势下水利的战略定位；突出加强农田水利等薄弱环节建设；全面加快水利基础设施建设；建立水利投入稳定增长机制；实行最严格的水资源管理制度；不断创新水利发展体制机制等。

2006 年川渝大旱、2009 年北方大旱、2010 年西南大旱及 2011 年河南大旱等连续几年的极端天气,都暴露出农田水利抗灾减灾能力的薄弱,凸显了农田水利建设滞后于农业生产的严峻问题,且随着发展现代农业对农田水利设施提出新的更高要求,城乡经济社会的发展变化对农田水利的影响加深加重,农田水利建设薄弱环节更加凸显,已成为制约农业生产经营的"瓶颈"因素(陈贵华,2011;陈志国,2011)。水利部统计数据表明,目前全国还有近半数农田靠天吃饭,不能满足基本灌溉。现有灌排设施大多于 20 世纪 50—70 年代修建,普遍存在建设标准低,配套设施不完善,老化失修,损毁严重。全国约 40% 的大型灌区、30%~60% 的中小型灌区、50% 的小型农田水利工程设施不配套,大型灌排泵站设备完好率不足 60%。实际调研中发现,由于农田水利发展的制度体系不健全,基层水利服务部门体制不完善,管护责任和措施不到位,导致一些配套设施完善的农田水利设施损毁后不能及时有效修复,农田水利"最后一公里"问题仍然很突出。在农田水利设施供给过程中,不同农业收入差异农户对农田水利设施的需求偏好存在明显差异,忽视这些差异导致农田水利设施供给与需求错位,进一步降低了农户对政府提供的农田水利设施的主观评价和预期反映,加剧了供给的不合理性,供给效果亟待提高。

1.1.1 农业水资源严重短缺

我国水资源总量居世界第六位,位于巴西、俄罗斯、加拿大、美国和印度尼西亚之后,多年来稳定在 2.8 万亿 m^3。由于中国人口众多,人均水资源占有量只有 2 200 m^3,仅为世界平均水平的 1/4 左右。按国际公认的标准,人均水资源占有量低于 3 000 m^3 为轻度缺水;低于 2 000 m^3 为中度缺水;低于 1 000 m^3 为重度缺水;低于 500 m^3 为极度缺水。目前,我国有 16 个省区重度缺水,6 个省区极度缺水。我国黄淮海流域耕地面积占全国耕地面积的 40%,而水资源量仅占全国的 8%,人均水资源占有量在 350~750 m^3 之间,用水严重短缺。据水利部预测,2030 年我国人口将达到 16 亿,人均水资源占有量仅为 1 750 m^3,届时我国将面临严重缺水的困境。

人口的急剧增长和经济的快速发展对水资源的需求日益增强,全国用水量逐年增加,水资源供给已陷入危机。然而,城市化和工业化的发展诱使水资源倾向于被高收益的行业使用，农业用水量占全国总用水量的比例不断下降，再加上水资源污染愈来愈严重，农业用水面临严峻的挑战。2003年全国总用水量为5 320亿m³，生活用水占11.9%，工业用水占22.1%，农业用水占64.5%。2014年全国总用水量增加到6 095亿m³，生活用水所占比例上升到12.6%，工业用水占22.2%，农业用水比例下降到63.5%[①]。

新中国成立以来，国家通过兴修农田水利设施，突破水利建设技术桎梏来解决农业用水短缺问题。截至2014年，全国已建成流量为5 m³/s及以上的水闸98 686座，其中大型水闸875座；建成各类水库97 735座，其中大型水库697座，中型水库3 799座；大型灌区续建配套与节水改造、规模化节水灌溉增效示范项目逐年增多。受我国"自上而下"的农田水利设施供给体制、不健全的农田水利设施管理制度等方面的影响，国家采取的一系列措施只是在一定程度上缓解了农业水资源短缺的困境，给农户带来的效用十分有限。由此可知，突破农业水资源短缺的困境不能单纯依靠开展农田水利设施建设，农田水利设施管理制度不健全导致的管理不配套也是重要原因。

随着家庭联产承包责任制的实施，社会动员机制逐渐取代了强制性动员机制，农田水利设施建设和管理的巨大开支促使国家调整了农田水利设施供给方式，鼓励民间资本介入农田水利设施供给。这一系列变化导致目前农田水利设施供给和管理出现集体所有和私人所有共存的复杂局面，产权不明晰导致两者管理职责界定不清，进而引发农田水利设施供给效率低下、管护不到位，出现农业用水浪费严重的现象。面对农业水资源短缺的严峻现实，我国大部分灌区渠系渗漏损失严重，渠系利用系数偏低，仅为0.4~0.5，农民大水漫灌的灌溉方式尚未改变，农田灌溉用水量远远超过作物实际需求量（李晓勇、秦海生，2013）。因此，在明晰农田水利设施产权、健全农田水利设施管理制度实现配套管理的基础上，开展农田水利设施建设是突破农业水资源严重短缺困境的有效途径。

1.1.2 农田水利设施建设是提高农业综合生产能力的重要基础

随着世界人口急剧增长和经济快速发展，土地和水资源短缺的问题日益凸显。为了实现农业综合生产能力的提高，保障粮食安全，世界各国都十分

---

① 由《水利发展统计公报》（2003—2014年）数据整理所得。

重视农田水利建设对农业发展的影响。20世纪初，全球有效灌溉面积为4 000万 hm²，截至20世纪末，已增长到26 000万 hm²。在全球有效灌溉面积增加6倍的基础上，世界粮食产量也实现了大幅提高，其中40%的粮食是通过有效灌溉耕地生产的。1961—2009年，全球耕地面积只增加了12%，但粮食产量增加了150%，粮食增产更多得益于灌溉和其他农业强化措施。据联合国粮农组织估计，到2050年，世界粮食产量不得不在现有基础上增产70%以上才能满足预计达到90亿人口的强烈需求。

保障粮食安全、提高农业综合生产能力不仅是经济发展的重要基础，更是国家安定的前提，因此，我国政府将加强农田水利建设、发展农业灌溉作为一项长期措施。农业生产对农田水利设施具有较强的依赖性，作为农业大国，我国70%左右的粮食生产来源于灌溉（Berbel，2000）。由此可见，灌溉是影响农业生产最为重要的因素，农田水利建设对保障粮食安全和提高农业综合生产能力至关重要。在耕地资源日益紧缺的情况下，我国粮食产量连续12年（2004—2015年）获得增产，有效灌溉面积持续增加，这些与农田水利设施的建设密不可分。图1-1显示了近十年我国有效灌溉面积与粮食产量的变化情况，近十年我国有效灌溉面积、粮食产量持续增加，两者呈现正相关关系，进一步说明农田水利设施的建设对促进粮食生产具有重要作用。

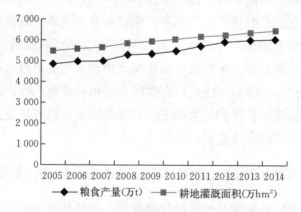

图1-1　全国有效灌溉面积与粮食产量变化趋势

资料来源：根据《中国农村统计年鉴》和《中国统计年鉴》（2006—2015）数据整理得到。

《全国水利发展统计公报》数据显示，2014年中央安排预算内投资114亿元用于18处大型灌区续建配套与节水改造、19处新建灌区建设、150处中型灌区建设、14个省份大型灌排泵站更新改造、97个规模化节水灌溉增效示范和63个牧区水利项目建设；安排中央财政资金378.09亿元用于小型农田水利设施建设。全年新增有效灌溉面积164.8万hm^2，新增节水灌溉工程面积251.2万hm^2，粮食产量创历史新高，达到60 709.9万t。有研究从生产环节出发，探索各生产要素对粮食生产的影响，分析各生产要素对粮食产量的贡献系数，研究结果表明，在既定技术条件下，灌溉是影响粮食生产的第一要素，其对粮食产量的贡献系数最高。表1-1显示了各生产要素对粮食产量的贡献系数，由此可知，通过开展农田水利设施建设能有效扩大灌溉面积，进而提高粮食产量，实现农业综合生产能力的提高。

表1-1 生产要素对粮食生产的作用

生产要素	生产要素对粮食产量贡献系数（%）		
	2001	2002	2003
单位耕地面积投入的劳动力（lb/hm^2）	4.44	17.35	31.66
单位耕地面积拥有农业机械总动力（kW/hm^2）	11.74	4.83	21.17
实际灌溉面积占耕地面积的比例（%）	64.35	53.23	37.53
单位耕地面积施用的化肥量（kg/hm^2）	9.55	19.88	7.68

资料来源：唐华仓. 生产要素对粮食产量的贡献系数分析. 生产力研究［J］. 2007（12）：20-21.

近几年，极端天气频发，给农业生产造成巨大损失。2014年，全国农田因涝受灾面积591.9万hm^2，成灾面积287万hm^2，直接经济损失1 574亿元；全国农田因旱受灾面积1 227.2万hm^2，成灾面积567.7万hm^2，直接经济损失910亿元[1]。农田水利设施暴露了其在抵御自然灾害环节的薄弱一面，一旦缺少农田水利设施为农业生产提供基本保障，粮食安全将面临巨大挑战，农业综合生产能力提高将无从谈起。

开展农田水利设施建设可以有效提升灌溉能力，提高农户种植粮食的单产和总产，使种植结构调整及经济作物种植面积增加成为可能，进而实现农民收入增加。近年来，城乡居民收入差距及农村内部居民之间收入差距不断拉大的问题引起社会各阶层的广泛关注与重视，而大力发展灌溉农业在一定

---

① 数据摘录于2014年《全国水利发展统计公报》。

程度上减缓了这种差距进一步拉大的趋势。

面对水资源严重短缺、耕地面积不断减少的严峻现实，如何提高农业用水效率，增加耕地灌溉面积，进而提高农业综合生产能力，增加农民收入，是目前农业生产面临的重要问题。解决此问题最有效的途径就是大力发展农田水利设施建设，加强其管理和维护，通过提升农田水利设施供给效果，实现农业综合生产能力的提高和农民收入的增加。

1.1.3 农业生产转型对农田水利设施供给提出更高要求

新中国成立之初，大量的农田水利设施以政府投资、农民投劳的方式得以修建，在促进农业生产、经济发展等方面发挥了重要作用。随着家庭联产承包责任制的实施，农田水利设施原有的集体管理已不适应农户分散经营模式，导致农田水利设施出现了产权不明晰、管理混乱、维护不及时等问题。新中国成立初期修建的农田水利设施，受限于当时的资金与技术条件，普遍存在建设标准低，配套设施不完善。随着几十年的使用，大部分设施老化失修，损毁严重，不能在农业生产中发挥正常功效。随着农业生产转型的全面推进，农业生产方式和生产结构的调整对农田水利设施供给提出了更高的要求。

随着农业生产结构的调整，粮食作物播种面积占农作物总播种面积的比重不断下降，而经济作物播种面积占农作物总播种面积的比重不断提升。1995 年我国粮食作物播种面积占农作物总播种面积的比重为 73.43%，2000年下降到 69.39%，2010 年下降到 68.38%，截至 2014 年已下降至68.13%。蔬菜、瓜类种面积占农作物总播种面积比重 1995 年为 7.08%，2000 年上升到 11.06%，2010 年上升到 13.31%，截至 2014 年已上升至14.44%。药材播种面积占农作物总播种面积比重从 1995 年的 0.19%快速上升到 2014 年的 1.2%[①]。蔬菜、果树等经济作物的生长对灌溉用水量、水流强度、灌溉时间等有较高的要求，原有的农田水利设施根本无法满足，而农民一直以来采用原始的大水漫灌的灌溉方式，既不利于这些经济作物生长，也造成了水资源大量的浪费。

在农业生产结构调整中，农田水利设施供给成为重要阻碍。首先，农田

---

① 由 2014 年《中国统计年鉴》数据整理得出。

水利设施管理体制混乱。随着家庭联产承包责任制的实施，符合集体生产需
要的农田水利设施集体管理模式与农户分散经营生产方式已不相适应。农户
出于自身利益的考虑，在农田水利设施的使用过程中管理、维护意识淡薄，
导致原有建设标准偏低的农田水利设施损毁严重，甚至丧失基本的灌溉功
能。其次，农田水利设施供给体制不健全。随着社会动员机制的出现，我国
长期以来采用的强制性措施进一步被弱化，农户以投工投劳方式参与供给的
意愿较弱，农田水利设施建设陷入低水平恶性循环。个别地方出现自发组织
修建农田水利设施的现象，但受限于政策环境与资金技术的支持，未能弥补
供给主体的缺失。三是政府对农田水利设施建设投资力度不够。图 1-2 显
示，2005—2014 年，国家在水利固定资产投资方面的投资金额不断加大，
但在国家固定资产总投资中的比重总体呈下降趋势，2005 年水利固定资产
投资占固定资产总投资的 11.74‰，2007 年下降为 7.48‰，随着 2008 年中
央 1 号文件的出台，水利固定资产投资占固定资产总投资的比重出现反弹，
于 2011 年上升到 11.08‰之后持续下降。

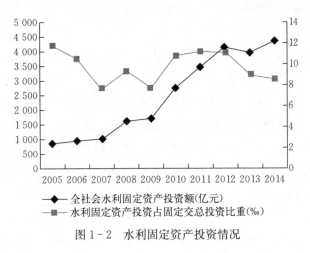

图 1-2 水利固定资产投资情况

　　农田水利设施既是提升农业综合生产能力、保障粮食安全的物质基础，
也是促进农业结构调整、实现农业生产转型的重要前提。农田水利设施供给
存在的各种问题导致我国农田水利设施建设面临的局面更加复杂，水利部统
计数据表明，全国 50%的小型农田水利设施不配套，渠系末端损毁严重，
近半的农田不能满足基本灌溉需求。实际调研过程发现，由于农田水利设施
损毁严重，实际灌溉面积远没有达到其设计的有效灌溉面积。农业生产的转

型必须依靠农田水利设施供给水平的提高来实现，在这种供需错位严重的情况下，提高农田水利设施供给水平不仅是促进农业结构调整的重要条件，也是解决"三农"问题的突破口，如何改善农田水利设施供给现状成为我国政府迫切需要解决的问题。

1.1.4　国家政策倾斜为农田水利建设的发展创造良好契机

随着水资源日益短缺，农业生产转型对农田水利设施提出更高要求，改善落后的农田水利设施迫在眉睫。在 2008—2015 年的中央 1 号文件中均提出要加强并改进农田水利设施建设，特别是在 2011 年 1 月 29 日中央发布 1 号文件——《中共中央国务院关于加快水利改革发展的决定》，文件明确了新形势下水利的战略定位，提出全面加快水利基础设施建设，加强农田水利等薄弱环节建设，建立水利投入稳定增长机制，创新水利发展体制机制。这不仅是应对水资源日益短缺与极端天气频发的要求，也是全面推进新农村建设的重要途径，凸显了国家对农田水利设施建设的重视程度。

国家财政实力是农田水利建设的资金保障，根据中国统计年鉴数据，1978 年我国财政收入仅为 1 132.26 亿元，1999 年突破 10 000 亿元，2000 年为 13 395.23 亿元，2013 年突破 100 000 亿元，到 2014 年已增加到 140 370.03 亿元。2000—2014 年 15 年间增加了 126 974.8 亿元，年均增长率为 17.43%。农村税费改革导致乡镇财政收入锐减，乡镇难以完成本应承担的提供农田水利设施的责任，然而我国经济稳定发展，国家财政实力的快速增长以及财政支出政策向农田水利基础设施建设的倾斜，为农田水利建设的发展创造了良好契机。

随着新农村建设的全面推进，国家出台政策鼓励农地流转，农业生产逐步由散户经营向规模经营转变，农田水利设施建设也进入了历史变革的新阶段。原有的末端农田水利设施在一定程度上被改造，调研发现，末端的农田水利设施供给现状出现严重的两极分化现象。在政府的政策引导和资金支持下，一些地区通过维修养护原有的末端农田水利设施，改造末端渠系成防渗漏的"U"形渠，使农田水利设施供给有了一定改观。然而一些地区的设施毁坏严重，几乎失去灌溉功能，无法满足基本的灌溉需求，供给状况不容乐观。完全可以摒弃，转而兴建新的农田水利设施。在这些供给现状不容乐观的地区，农田水利设施建设迎来良好契机，应摒弃那些损毁严重、失去修复价值的农田水利设施，为节水灌溉新设施的兴建让位。目前，在农户需求多样化的背景下，传统和新型的灌溉方式并存，微灌、滴灌等节水灌溉发展迅速，势必推动农田水利设施建设的改革与发展。

由以上分析可知，农田水利设施的供给效果不仅表现在客观供给水平上，还应体现农户的主观评价，基于农户满意度来提高农田水利设施供给水平才能达到良好的供给效果。从理论上看，农田水利设施供给效果评价是众多农户依据复杂多变的个体需求意愿做出的决策行为，复杂多变的农户个体决策行为突破了传统经济学的同质性假设（朱玉春，2011），通过农户收入差异等个体异质性来表征。在农户因收入差异诱发的分层演化趋势明显增强的前提下，不同收入差异农户越来越表现出具有明显个体特征的行为偏好和需求偏好，对农田水利设施的需求也因农业收入差异引发的不同偏好日趋显现，由此所导致的农户个体层面对农田水利设施供给效果评价，通过需求偏好的反应带有明显的收入差异的印迹。因此，基于农户农业收入差异视角，注重农户个体的需求表达以及个体参与的能动性（王金霞，2004），对农田水利设施供给效果进行客观公正的评价，这是衡量农田水利设施供给效果是否达到了预期理想目标最有效的、最可行的方法。

农田水利设施供给效果既取决于农田水利设施客观的供给水平，也取决于农户的主观评价。那么，农户农业收入差异视角下农田水利设施供给效果如何？哪些因素影响农田水利设施供给效果？如何影响农田水利设施供给效果？这些是提升农田水利设施供给效果必须要解决的问题。但是，目前关于农户收入差异对农田水利设施供给效果评价的影响机理缺乏深入的理论分析框架和细化研究。因此，为解决这些难题，本书选取农田水利设施供给效果评价为研究对象，以提高农户满意度为前提，将提升农村农田水利设施供给水平作为目标，针对当前农村农田水利设施供给水平低下的问题，采用定性和定量分析相结合，规范分析和案例分析相结合的方法，揭示农村农田水利设施供给陷入低水平困境的原因，通过构建农田水利设施供给效果评估模型，探求基于农户满意度视角的农田水利设施供给模式，根据研究结论以及对农田水利设施供给机制的分析，提出具体政策建议，以期为相关部门制定政策提供借鉴。

1.2 研究目的及意义

1.2.1 研究目的

本研究基于农户收入差异视角，依托区域经济学、公共经济学、财政学等相关理论，构建农田水利设施供给水平评价指标体系，测度农田水利设施供给水平并进行评价；测算农户收入差异并对农户进行分组，分析不同收入差异组别农户对农田水利的满意度及其影响因素；从主客观两个方面构建农田水利设施供给效果评价指标，探索农户收入差异及其他因素影响农田水利设施供给效果的效应，提出改善农田水利设施供给效果的建议。其目的在于：

（1）构建相对完善的农田水利供给水平指标体系，测算农田水利供给水平并进行评价。

（2）采用有序 Logit 模型对不同收入差异组农户对农田水利设施供给的满意度进行分析，探讨不同收入差异组农户对农田水利设施供给的满意度及其影响因素。

（3）从农田水利设施供给水平和农户满意度两个方面构建农田水利设施供给效果评价指标，采用分层线性模型考察村庄层因素和农户层因素对农田水利设施供给效果的影响路径，探析农户收入差异及其他变量影响农田水利设施供给效果的程度及方向。

1.2.2 研究意义

本研究从农户收入差异视角出发，对农田水利设施供给效果及其影响因素进行探析，最终为推进农田水利设施供给体制改革，实现基于不同收入差异农户满意度的农田水利设施有效供给提供理论支撑和现实依据。研究意义在于：

（1）根据实地调研取得的村庄数据，客观评价农田水利设施供给水平，识别制约农田水利设施供给水平提高的关键因子，揭示农田水利设施供给水平低下的原因，为农田水利设施供给效果的提升提供现实依据。

（2）基于农户收入差异视角，识别影响不同收入差异组农户对农田水利设施供给的满意度的关键因素，揭示不同收入差异农户对农田水利设施供给满意度的影响机制，为实现农田水利设施有效供给提供理论支撑。

（3）从主客观两方面构建农田水利设施供给效果评价指标体系，为农田水利设施供给效果评价提供新的思路，采用分层线性模型分析农户收入差异对农田水利设施供给效果的影响效应，提出改善农田水利设施供给效果的建议，为政府部门制定政策提供借鉴。

1.3　国内外研究现状

1.3.1　国外研究现状

国外研究者关于公共产品领域研究较早，关于农田水利设施的相关问题，国外学者进行了广泛细致的研究，形成了丰富的研究成果。国外学者主要围绕以下几个方面展开研究。

1. 农田水利设施建设与对经济发展的影响

国外众多学者已对基础设施建设（包括农田水利设施）与区域经济发展的相互关系进行了理论和实证上的分析和研究。从国外学者的研究成果来看，基础设施建设对经济发展的影响作用路径主要是：基础设施建设提高了要素生产率，从而促进 GDP 增长，消除社会贫困。基础设施建设对经济发展具有重要的促进作用，并对消除贫困有积极影响（Erniel B. Barrios，2008）。公共资本积累对 GDP 增长具有正的贡献（Dessus，Herrera，2000），作为重要的公共投资，基础设施的改善可显著提高劳动力和资本的生产率，农业基础设施投资和农业科学研究可以降低农业生产成本，提高农业综合生产力能力（Schoolmaster，1991；Araral，2007）。基础设施投资增速降低是导致全要素生产率下降的主要原因。基础设施投资提高私人部门的生产率，公共支出提高私人资本投资的回报率，从而促进私人部门投资增长（Asehauer，1989）。Munnell（1993）的研究表明，基础设施对生产率的提高具有显著促进作用。然而，基础设施对经济增长的作用大小因基础设施的构成和种类不同而有所不同。非核心基础设施对经济增长的贡献比核心基础设施投资建设要小；此外，基础设施投资的影响在国家之间表现出明显的收入弹性差异（Chandra，Thompson，2000；Frank，2010）。农田水利设施作为一种特殊的公共产品是否也具有公共产品的供给效应，诸多学者对此进行了研究，结果分歧较大。Hussain（2004），Hugh et al.（2010），Gebregziabher et al.（2009），Antonio Afonso（2008）等认为，灌溉能提高农业生产率和农民收入并对减缓贫困有显著的作用。而另一些研究则显示了相反的结果：Bhuyan（2007），Chandra，Thompson（2000），Cohen Prusak（2001）等的研究表明，基础设施投资并不会增加净产出，且农田水利工程建设对 GDP 的贡献＜1％。Rosegrant 和 Evenson（1992）的研究则表明灌溉对农业全要素生产率无显著影响，Fan Throat（1999）的研究也得出了类似结论，其认为，在印度虽然政府在灌溉方面的投资远远超过其他领域，但灌溉在扶贫的边际作用方面仅排在第六位，远远低于道路、农业科研以及教育对扶贫的贡献。已有研究结论存在明显的分歧，主要原因在于研究采用了不同的视角、数据和方法。总体来讲，微观层面的研究如基于农户调研、案例分析或特定的灌溉工程等数据进行研究得出的结论是灌溉投资显著减缓了贫困（Hugh Turral，2010；Gebregziabher et al.，2009；Gaspart，2007）；而基于宏观数据的研究如省级、地区级或国家层面的数据得出的结论是灌溉投资与贫困减缓之间并不存在显著相关关系。

2. 农田水利管理机制研究

国外学者普遍认为，由农民协会或其他私人部门部分或全部履行管理职责而非政府独揽管理职责才是最有效的（Johansson，2002）。Tabachnica（2007）也提出了相同的观点，他认为设法建立农民自己的组织或其他非政府组织来进行有效管理是农业灌溉管理由集权向分权转化的根本途径。在日本，由 LID（土地提高管辖区，是用水户的合法合作实体）和政府共同管理小型农田水利工程，取得了良好的效果（Ostrom，1990）。1973—1993 年的数据显示，中国华北地区灌溉管理体制改革后，农民参与农业管理使得灌溉成本、灌溉用水量等均取得了良好的成效（Johnston，1968）。Munnel（1993）认为小型农田水利工程为世界范围内的粮食丰收发挥了重要作用，其中 85％的小型农田水利工程由本土组织管理，此外，用水协会对于灌溉系统的运作与维护发挥了积极的作用（Robert，1991）。发展中国家在基础设施供给方面，特别是农田水利设施建设存在政府失灵（Berbel and Gomez，2000），市场化可能是解决此问题的一种可选途径，但市场化又存在诸多弊端，如农田水利设施可能导致供给短缺和不均等问题。因此，政府供给仍是规避市场失灵的有效手段（Rozelle er al.，2006）。

3. 农田水利产权制度研究

灌溉制度变迁必须满足两个条件：清晰的水权关系和合理的水资源分配。水权交易隐含两个前提假设，一是交易成本不是影响交易的一个重要因素；二是水权是充分并且明确界定的（Uphoff，2000）。水市场的构建可能是解决水资源短缺和水资源质量下降的一种良性政策选择，然而在缺乏界定明确且可自由交易的水权时，水市场只会鼓励更多地用水而不是促进节约水（Woolcock，2000）。界定明确的产权是用水户做出灌溉工程改造投资决策的关键因素。Papandreou（1994）对巴基斯坦水市场的研究表明，影响水市场发育的因素主要有两个，一是灌溉的水环境，包括水利网和地下含水层的特征；二是农户的生产策略和农户社会经济特征。Prokopy（2005）对巴基斯坦的私有地下水灌溉系统产权制度创新进行了研究，他认为巴基斯坦由于地表水资源稀缺，出现的私有机电井管理效率高于非私有机电井，同时证明了在一定条件下将工程产权私有能提高工程运行效率。

大多数学者认为，灌溉产权变革产生的影响是积极的。Guiso（2009）认为灌溉管理转移有助于扩大灌溉服务面积，减少灌溉输送水量，降低了农户和政府灌溉成本的同时，激励农户提高灌溉的自主积极性，实现粮食总产量的提高。Kundu（2005）围绕农业用水者协会在灌溉中的积极作用进行了重点研究，结果表明，将灌溉设施使用管理权向用水合作组织转移是提高水资源供给效率和生产效率的有效途径，最终实现水资源的分配效率和公平性的提高。Cohen（2001）认为，一方面，水权交易促进了水资源定价；另一方面，水资源定价更有利于水权转让。

4. 农田水利设施投资方向及投资主体研究

Ostrom（1990）研究表明，在农村公共产品投资主体更加多元化的趋势下，农村公共产品政府统一供给的格局将发生改变，市场供给的方式将被引入，在一定条件下完全有可能实现公共产品多元化供给。农田水利设施作为农村准公共产品，是否能够通过以上方式实现多元化供给？Thoni et al.（2012）研究发现，19 世纪末，在印度、澳大利亚等国家，政府是大型灌溉设施的主要投资者；长期以来，中国政府一直是灌溉设施的主要投资者，进入 20 世纪后，中国政府在灌溉方面的投资显著增加，于 1979 年达到顶峰后呈现平稳下降趋势。在亚洲地区，小型灌溉设施由社区集体提供的传统延续了几个世纪；在印度，大规模的私人投资自 20 世纪 80 年代涉足灌溉设施投资领域（Olson et al.，2009）。促使私人资本投资地下水灌溉设施的原因有以下两个方面，一方面是西方发达国家对发展中国家灌溉停止实行补贴，迫使发展中国家政府寻求方法实现灌溉的自我供给；另一方面由于大型基础设施投资回报率偏低，促使私人投资寻求回报率更高的投资项目。随着世界人口的增长和工业的快速发展，农业灌溉用水资源日益紧缺，人们环保意识的增强促进了农田水利设施投资方向的转变，低水平的"硬件"工程已不适应发展的需求，现代化的水利设施和能够提高现有工程效率的"软件"投资成为转变的方向（Gebrehaweria，2009）。

1.3.2 国内研究现状

1. 农田水利设施建设对经济发展的影响

改革开放至今，公共服务水平的提升对经济增长具有明显的促进作用，公共投资的增加尤其是人力资本投资的增加给社会发展带来了十分显著的效益（布坎南，2002；胡鞍钢，2003；王俊霞等，2013）。采用完全修正普通最小二乘法的面板协整数据分析方法，利用我国省级农村经济增长的数据关于农村基础设施及其空间溢出效应对农村经济增长的影响的研究表明：农村基础设施建设在推动当地及相邻地区农村经济增长方面作用显著（赵佳佳，2008；李胜文、闫俊强，2011）。公共服务支出的数量以及结构对经济增长促进作用显著，且具有较高的产出弹性（王雪，2006；高培勇等，2007；王蕾，2013）。公共产品对经济增长的促进作用主要有两种模式：一是通过提升交易的效率来促进分工的演进从而间接推动经济增长；二是通过直接提升劳动生产率带动经济增长（骆永民，2008；李胜文等，2011）。在我国，公共服务供给与要素生产率之间存在长期的因果关系，并且这种因果关系我国的东、中、西部地区普遍存在，这表明提高公共服务供给水平是缩小地域发展差距的一个重要途径（刘寒波，2007；俞雅乖，2013）。但是，这并不意味着公共服务越多越好，特别是公共服务中的基础设施投资一定要注意把握"适度"原则。"拉美陷阱"是公共服务支出过多制约经济增长的一个现实案例，因民粹主义的影响，拉美的权威体制一味地迎合民众对福利的非理性需求，实行对劳工过度保护的政策，社会公共支出不断增加，引发了"福利赶超"现象，最终使拉美国家陷入"中等收入陷阱"之中，社会经济遭到了严重破坏（樊纲等，2008；李胜文等，2011）。公共服务支出的增加必须与物质资本的增长保持协调，以防止过多的公共投资造成税收的增加以致损害生产效率的提升（张晓晶，2006；陈时禄，2013）。农村生产性公共产品的供给增加能够有效改善农村的生产及投资环境、降低农民的生产投入成本，从而推动当地农民收入的增加以及社会经济的增长（楚永生、丁子信，2004；郭唐兵等，2012）。公共服务的水平与市场化程度、地区间差距存在正相关关系（匡贤明，2008；赵佳佳，2008；刘寒波等，2007）。

2. 农田水利产权制度研究

所谓的"水权"一般是指水资源的使用权，是产权拥有人对水资源的占有、使用和处置的权利（周霞等，2001）。"水权"也可以进一步地解释为：在水资源稀缺条件下，人们关于水资源的各种权利的总和（包括：自己或他人受益或者受损的权利），"水权"最终可概括为对水资源的所有权、经营权以及使用权（姜文来，2000；蔡晶晶，2013）。为逐步缩小我国农业灌溉水利用系数、工业每万元产值用水量与发达国家之间的差距，建立区域性的水权制度和水权交易市场是十分必要的（黄金平、邓禾，2002；韩栋等，2013）。建设具有中国特色的水权交易市场，必须确定水权的权利主体，以水权制度取代用水许可制度实现水权产权的明晰；以水资源的使用权与所有权的"两权分离"进行水权的初始分配，另外还必须设立水权委员会维护水权的公平交易（苏小炜、黄明健，2003；贺雪峰等，2010）。水权交易市场会引导水权流向经济效益较高的领域，从而实现水资源的优化配置，提高水资源利用效率，同时，水权交易市场的建立可以有效增加农民收入、提高农业产业内部的水资源利用效率、推进节水农业发展、引导农村经济结构调整，从而对农村经济社会发展产生积极的影响（姜文来，2000；尹云松、靡仲春，2004；董海峰等，2013）。我国的产权模式依据运用产权理论基本可划分为：私人治理模式、用水户参与治理模式和集权治理模式，而小型农田水利设施治理模式应该属于自主治理模式（刘铁军，2007；张建伟等，2013）。各级政府、村集体以及农户各方在小型农田水利工程建设和管理中为各自利益进行博弈，各参与主体基于自身利益的争夺会积极地参与到工程的各项建设和管理之中，从而有助于改善工程的治理现状和模式，达到有效推动小型农田水利工程产权制度改革的效果（周晓平等，2007；胡学良，2008；王广深等，2013）。政府对小型农田水利设施的支持应以建设粮食主产区的大部分小型农田水利设施以及经济作物种植区的部分无排他性或排他性弱、投入成本高的项目实施为重点（孙小燕，2011；丰亚丽等，2009），对小型农田水利设施的管理尤其是对经济作物种植区的设施管理应以市场力量为主（庄丽娟等，2011）。政府和农户应成为水利设施的主要投资者，而农户是否作为私人投资者则主要取决于能否通过产权制度的安排使得投资对象的外部性内在化（唐忠、李众敏，2005；贺雪峰、郭亮，2010）。

3. 农田水利管理体制研究

我国灌区管理机构臃肿、绩效考核机制匮乏、灌溉设施技术落后、水利设施维护不到位等问题已然严重影响了水利事业和国民经济的健康发展（张忠法、杨继富，2004；刘岳等，2010；张琰等，2011）。"公私合作"作为一种有效的灌溉管理权移交模式受到世界各国的普遍关注，该模式在充分保证企业利润的基础上能够有效调动私营企业参与灌溉设施的管护和运营的积极性，同时，它还有助于解决政府修建维护灌溉设施负担过重、效果较差的问题，这对我国改革灌溉设施管理权移交模式具有一定的借鉴意义（丁平等，2005，林建衡，2006；刘永功等，2006；朱红根等，2010）。实践中，可以通过强化农民灌溉管理参与程度、提高用水的组织化程度及灌溉效率、提升水权交易市场规范程度等措施，充分发挥价值规律在农业灌溉水资源分配、使用中的调节作用，达到加强灌溉管理的目的（彭建强，2002；刘石成，2011；孙小燕，2011）。以明晰灌区产权与经营自主权为基础，加快实现灌区工程管理型向经营管理型的根本转变，彻底改变行政指令性供水的传统作法，转向推广合同供水，推动供需双方直接见面，从根本上解决供需脱节、供水不及时的弊病（李燕琼，2003；徐松，2001；施国庆，2002；张果、吴耀友、段俊，2006）。考虑到经济发展条件的差异以及宏观政治经济环境的影响，在供给制度安排（模式）改革中，不应仅局限在构建"政府——市场"的二元结构，而是应该根据用户的数量、辐射的范围等因素，合理地确定有农户自愿合作参与的最优供给制度（张宁，2007；许志方，2002；陈志国，2011）。建立强有力的制度和政策环境、构建农户参与管理的激励机制，有助于让农户以及政府部门都认识到农户参与农田水利管理的潜在影响和长久效益（王金霞、黄季焜，Scott R. Ozene，2004；张岩松等，2013）。用水户协会在解决水事纠纷、节约劳动力、改善渠道质量、提升弱势群体灌溉水的获得能力、节约利用水资源、保障水费收缴以及减轻村干部工作压力等方面作用明显（张陆彪等，2003；杜威漩，2012）。但是，用水户协会的功能和作用的发挥也会受到各种制度和体制因素的限制，用水协会没有一成不变的模式可以套用，相反，依据环境变化而采取灵活多变的组织形式、丰富多样的管理机制才是用水协会成功的关键。因时因地制宜，从农民的实际需要出发，用水户协会才能真正地发挥作用，但由于权利转移不够充分，当前我国灌区农民用水者协会的进一步发展仍然面临着众多的制约（王雷等，2005；丰亚丽等，2009）。

4. 农田水利水价机制研究

目前，我国农业用水市场价格偏低，农业灌溉用水利用系数仅为 0.4～0.45（国家水利部，2004；温立平，2007）。水价偏低、水费收取困难导致工程运行成本难以得到有效补偿（廖永松，2004；田圃德、张春玲，2003）。我国长期以来，水费的收取都是以灌溉面积为基准的，水费征收不足，导致工程投资和维护经费下降，造成灌溉条件恶化导致供水不足，使得灌溉面积减少，灌溉面积的减少进一步造成水费收入的下降，由此形成"水费收入下降—水利投入不足—灌溉面积减少"的恶性循环。通过对水价和水资源需求的关系研究发现，黄河流域农业灌溉水价每提高 10%，农业用水量将下降 5.71%～7.41%；如果把现行水价调整到成本水价，在当前灌溉面积不变的条件下，每年可至少减少用水 63.05 亿 m^3，减少比例高达 22.8%（毛春梅，2005；马承新，2006）。对农业灌溉水费实行单纯的"暗补"与我国的水资源形势不相适应，补贴效果也十分低下，相反，对农业灌溉用水实行"明补"则是从根本上改变农业用水低效的有效方式，因此，应实现我国农业灌溉由不收水费的"暗补"方式向实施水费征收与补贴并举的"明补"方式的转变十分必要（孙梅英等，2011）。虽然政府对水价负有不可推卸的补贴责任，但水价也应实行多层次、多元化价格（毛春梅，2005；朱杰敏、张玲，2007）。农业灌溉水价应主要由供水生产成本、利润和税金三部分构成，因此，对于地表水和地下水应免征水资源费。另外，水价还受水资源丰缺程度、水质的优劣等自然因素以及社会经济发展水平、用水户承受能力等社会经济因素的影响，水价核定也应充分考虑这些因素。例如，水资源丰缺度的时空变化会影响水资源的供求关系，水价也应随之发生变化；水资源作为一种商品还应按质论价，质优价优，质劣价劣（王昕，2006）。

5. 农田水利的供给模式研究

农村实行家庭联产承包责任制改革之前，我国小型农田水利实行政府供给模式，"集体兴办，集体受益"。家庭联产承包责任制实施之后，实行政府与民间共同供给的模式，积极鼓励和支持民间提供小型农田水利设施（冯云飞，2008）。当前，农田水利的供给模式正处于由政府供给模式向政府与民间共同供给模式的转化时期。在水利市场化改革中，政府失灵导致农业基础设施建设投资严重不足，这主要是由于政府长期以来执行一种"放"与"甩"的策略，而非政府干预过多或干预不当。因此，矫正市场失灵与政府缺位，完善农田水利供给机制，成为亟须研究和解决的重要课题（罗兴佐等，2005；吕俊，2012；蔡起华等，2015）。当前，要扭转农村农田水利设施建设滞后的局面，必须从实际出发、从政府和民间两条主线出发，一是要强化各级政府责任，加大财政对农田水利建设的投资；二是要鼓励、引导民间资本参与农田水利建设，教育、动员广大农民积极参与农田水利建设，从而建立起国家、民间多方投资与农民自愿投工投劳相结合的有效供给机制（周玉玺等，2005；宋超群等，2010；王巧义等，2011）。从发展的角度来看，政府集权供给制度安排、完全市场供给制度安排、农民自愿合作供给制度安排、混合供给制度安排这四种农田水利基础设施供给制度各有优缺点及各自的适用范围，最佳的供给制度要根据当地的经济社会环境加以选择，因地因时制宜，建立起满足不同层次需求的供给制度（周玉玺等，2005；王广深等，2013）。以国家独资建设、捐建或者与民共建农田水利工程，以公开拍卖的形式承包给个体经营管理，并成立农户监督管理委员会对供水进行监管的"农村水利供给内部市场化"模式，不失为当前农田水利设施供给的一种模式选择（张果等，2006）。

6. 农田水利的供给效果研究

农村公共产品的效果，一方面要包括物质效果，另一方面要包括精神效果（公共产品受众的感觉效果）（李燕凌，2008）。政府提供的农村公共产品是否达到了预设目标，最直接、最可行的方法就是在基于农户收入差异的视角衡量农村公共产品的供给效果（朱玉春等，2011；贾小虎、朱玉春，2015；王蕾，2014）。在收入不平等环境下，引入某种形式的惩罚机制，有助于提升公共产品供给水平（宋紫峰等，2011；李进英等，2010）。当前农田水利设施供给效果的研究多从农户参与、需求及其意愿等角度进行探讨，农户参与农田水利设施管理，会使农民在用水分配制度上趋于公平（张宁，2007；黄彬彬等，2012）。村庄特征对农户农田水利设施需求的影响大于家庭特征，家庭特征的影响又大于个人特征（孔祥智等，2006；刘天军等，2012）。在较发达地区，非农就业人数、家庭人均纯收入与农户需求的相关性更为显著（俞锋等，2008；唐娟莉，2013）。县乡政府的地方公共品供给能力、水利建设资金缺口、村级水利建设资金缺口等因素显著影响农户的意愿投资水平（刘力等，2006；朱玉春、唐娟莉，2010）。此外，部分学者从加强和完善农田水利设施建设，保障农民增收的角度（柳长顺，2011），认为农田水利设施供给对农业总产值的影响十分显著，是农业 GDP 增长的重要原因（张琰等，2011）。

1.3.3　国内外研究现状述评

综上可见，国内外学者对农田水利设施供给相关问题进行了多方面的研究，取得了丰硕的研究成果，这些研究成果能够为本书的研究提供重要的参考和借鉴。但纵观已有研究，仍有以下几个方面的问题有待于进一步的深化研究。

第一，关于农田水利供给的研究虽然涉及范围较广，但研究尚不够深入。主要表现为：研究对象较为分散，研究的出发点往往局限于问题的一个方面，没有很好地综合考虑农田水利供给的政策环境、行为主体及其互动状态，没有形成系统的理论分析框架和实证研究方法。

第二，对农田水利设施供给效果的研究集中在农田水利设施对农业生产效率的改善、对农民收入的提高以及对扶贫的贡献方面，而从农户层面对农田水利设施供给效果的定量研究较少。

第三，以往的研究一致认为，基于农户满意度提供的公共产品才是最有效的。收入差异往往会导致农户对农田水利设施的需求偏好和预期目标有所不同，进而导致其对农田水利设施供给满意度的评价存在差异。因此，在农田水利设施供给效果的研究过程中，应当充分考虑农户收入差异的影响，然而从农户收入差异视角出发对农田水利设施供给效果的研究目前还很少。

1.4　研究思路、内容和方法

1.4.1　研究思路

本研究围绕着农户收入差异与农田水利供给效果展开，按照农田水利设施供给水平—不同收入差异农户满意度—农田水利设施供给效果评价—政策建议这一逻辑线路展开。首先，在理论框架建立基础上，测算农户收入差异，分析农田水利供给现状；构建相对完善的农田水利供给水平评价指标体系，测算农田水利供给水平，分析农户收入差异对农田水利设施供给水平的影响。其次，探讨不同收入差异农户对农田水利设施的满意度，分析农户收入差异对农户满意度的影响。再次，构建指标体系，评价农田水利设施供给效果，探究农户收入差异及其他因素对供给效果的影响机理。最后，根据研究所得出的结论，提出改善农田水利设施供给效果的相关政策建议。研究的技术路线如图 1-3 所示。

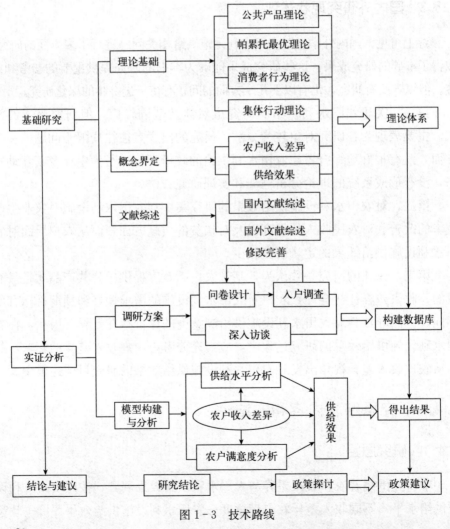

图 1-3　技术路线

1.4.2 研究内容

借鉴现有的研究基础并结合研究目标，主要研究内容如下。

第一章，导论。探讨研究背景提出所要研究的问题，介绍研究目的和意义，综述国内外农田水利设施供给相关文献，为开展研究提供理论参考和借鉴，梳理本书的研究思路，概括研究内容，对采用的研究方法和数据资料来源进行说明。

第二章，农田水利设施供给效果研究的理论框架。界定相关概念及研究范围，以公共产品理论、帕累托最优理论、集体行动理论、消费者行为理论为指导，对农田水利设施供给效果问题进行理论阐述，DI-OS-O逻辑框架为基于农户收入差异视角的农田水利设施供给效果研究奠定理论基础。

第三章，农田水利设施供给现状分析与农户收入差异测算。回顾我国农田水利设施不同历史阶段的供给状况，对各时期的特征进行总结；利用统计数据从农田水利设施供给的规模、供给的地区差异、供给的结构差异三个方面深入分析我国农田水利设施供给的现状；选择基尼系数、泰尔指数、最富有40%人口所占总收入的份额三个指标进行分析并测算村庄内部农户之间的农业收入差异。

第四章，农户收入差异视角下的农田水利设施供给水平。在实地调研的基础上，利用村庄数据测算农田水利设施供给水平得分并进行评价。首先，构建管护能力、渠系建设、机井建设、配套设施建设4个方面11个具体指标来评价农田水利设施供给水平；其次，采用因子分析法对农田水利设施供给水平相关指标进行量化分析；最后，采用Tobit模型探析农户收入差异等因素对农田水利设施供给水平的影响。

第五章，农户收入差异视角下的农田水利设施供给满意度。根据农户收入差异对农户进行分组，采用有序Logit模型对不同收入差异组农户的农田水利设施供给满意度进行分析，探讨其农田水利设施供给满意度的影响效应。

第六章，农户收入差异视角下的农田水利设施供给效果综合评价。本部分在前述研究的基础上，从农田水利设施供给水平和农户满意度两个方面构建农田水利设施供给效果评价指标，采用分层线性模型考察村庄层因素和农户层因素如何影响农田水利设施供给效果，探析农户收入差异及其他变量影响农田水利设施供给效果的程度及方向。

第七章，研究结论与政策建议。系统论述研究所得出的结论，根据研究所得出的结论，基于农户收入差异视角，提出改善农田水利设施供给效果的政策建议。

第八章，研究不足与展望。结合目前研究存在的不足，提出在未来需要进一步开展研究的问题。

1.4.3 研究方法

在梳理国内外农田水利设施供给相关文献的基础上，本书采用定性分析与定量分析相结合的方法来达到研究目的。具体如下。

（1）规范分析，借鉴已有研究成果，对农田水利设施、农业收入差异等概念进行界定，构建基于农业收入差异视角的农田水利设施供给效果分析框架，为实证分析提供理论依据。

（2）比较分析，回顾我国农田水利设施不同历史阶段的供给状况，对各时期的特征进行比较和总结；通过对我国农田水利设施供给的规模进行时间序列比较，对农田水利设施供给的地区状况、农田水利设施供给的结构状况进行差异比较，分析我国农田水利设施供给现状。

（3）采用泰尔指数、基尼系数和最富有40％人口所占收入份额三个度量指标测算村庄内部农户之间农业收入差异。泰尔指数：$T = \sum_{j=1}^{n} \left(y_j \ln \left(\frac{y_j}{n_j} \right) \right)$；基尼系数：$G = \frac{2}{n^2 \mu_y} \sum_{i=1}^{n} \left(i y_i - \frac{n+1}{n} \right)$；最富有40％人口所占收入份额：$R = \sum_{i=1}^{n} |y_i - P_i|$，$i = 1, 2, \cdots, n$。

（4）采用因子分析法对农田水利设施供给水平相关指标进行量化分析，利用 Tobit 模型探析各因素对农田水利设施供给水平的影响。

（5）根据农户收入差异测算结果对农户进行分组，采用有序 Logit 模型对不同农业收入差异组农户对农田水利设施供给满意度及其影响因素进行分析，探讨各影响因素随着农业收入差异变动的规律。

（6）构建农田水利设施供给水平与农户满意度两个指标来评价农田水利设施供给效果，采用分层线性模型，将农田水利设施供给效果变异分为村庄内农户的差异和村庄间的差异，探索村庄层与农户层影响农田水利设施供给效果的程度及方向。

1.5 数据来源

基于农业收入差异视角的农田水利设施供给效果研究所涉及的数据资料包括宏观和微观两个方面。

（1）宏观数据主要采用国家统计局和国家权威机构公布的数据资料、农业统计资料汇编以及互联网和其他来源数据，具体包括《中国统计年鉴》（2006—2015 年）、《中国农村统计年鉴》（2006—2015 年）、《水利发展统计公报》（2005—2014 年）等。

（2）微观数据来源于 2014 年 7—8 月实地问卷调查及与村委会主任等相关人员的访谈，分别走访了河南、宁夏、陕西 3 个省（自治区）经济发达、中等和落后的 9 个市（县），每个市（县）按照经济发展水平随机抽取 4 个乡镇，每个乡镇随机选取 5 个自然村，再在每个抽样的自然村中随机选取 8～10 个农户进行随机调查与访谈。

1.6 创新之处

（1）以农户收入差异为切入点，从农田水利设施供给水平和农户满意度两方面来衡量农田水利设施供给效果，建构农田水利设施供给效果的评价指标体系，分析农田水利设施供给效果及其影响机理，为农田水利设施供给效果研究提供了一个新的研究视角和评估路径。

（2）在农田水利设施供给效果评价指标体系建构的基础上，采用分层线性模型从村庄和农户两个层面分析农田水利设施供给效果及其影响因素，发现村庄层与农户层共同影响农田水利设施供给效果，农户收入差异与农田水利设施供给效果呈倒"U"型关系，不同指标所衡量的农户收入差异与农田水利设施供给效果的关系是一致的。

（3）基于农户收入差异视角，依据实证研究结论，设计具有较强的操作性和实用性的政策建议，以提高农田水利设施供给效果，并为政府部门制定决策提供参考。

第二章

::::::::::::::::

农田水利设施供给效果研究的理论框架

本章对农田水利设施、农户收入差异等相关概念及研究范围进行了界定，以公共产品理论、帕累托最优理论、集体行动理论、消费者行为理论为指导，对农田水利设施供给效果问题进行理论阐述，为基于农户收入差异视角的农田水利设施供给效果研究奠定理论基础。

2.1 概念界定及研究范围

2.1.1 农田水利设施的内涵与特征

农田水利设施是指为发展农业生产服务的水利设施，通过水利工程技术措施，改变不利于农业生产发展的自然条件，为农业高产高效服务。农田水利建设通过兴修为农田服务的水利设施，达到建设旱涝保收、高产稳产的基本农田的目标，包括灌溉、排水、除涝和防治盐、渍灾害等。国土资源部于2009年发布文件，围绕促进农业稳定发展，保持农民持续增收和推动城乡统筹发展提出若干意见，明确规定农田水利设施是指服务于农田灌溉和生活用水的塘坝、沟渠、水池、水库和河道等供水设施。本研究着重研究服务于农田灌溉的小型农田水利设施，包括农田水利设施"最后一公里"工程。基于此研究视角，结合《中共中央国务院关于加快水利改革发展的决定》，农田水利设施主要包括以下几类：塘坝（容积小于 10 万 m^3）、水池（容积小于 500 m^3）、小水库等蓄水设施，引水闸（流量小于 1 m^3/s）、小型拦河闸坝、截潜流等引水设施，大型灌区和 5 万～30 万亩[①]大中型灌区末级渠系

[①] 亩为非法定计量单位，1 亩≈667 m^2。下同

（流量小于 1 m³/s）、5 万亩以下灌区的渠系工程及配套建筑物、管道、闸门等输水配水设施，泵站（装机小于 1 000 kW）、机井等提水设施，排涝泵站（装机容量小于 1 000 kW）、控制面积 3 万亩以下的排水沟、排水闸、地下暗管等排涝降渍设施，灌水沟、畦、滴灌、喷灌等灌水设施，以及必要的量测水设施、灌溉试验站等。农村农田水利设施不仅可以抵御旱涝等自然灾害，同时对于改善农民生产生活条件、促进农村经济快速发展发挥重要作用。小型农田水利设施具有如下特征。

1. 种类杂，规模小，数量多

小型农田水利设施涉及种类较多，蓄水、引水、输水、提水、灌水、排水各部分包括的塘坝、沟渠、河道、水井、输水管道、排水沟、配套建筑物等都属于农田水利设施的范围。小型农田水利设施与其他水利设施显著的区别就是建设规模小，如电机、水泵等最小规模的小型农田水利设施可以直接用手将其移动，使用十分方便。由于规模小、投资少、使用方便等优势，小型农田水利设施更新快，数量多。近年来，极端天气频发，而且随着种植结构的调整，为了满足抗旱排涝、节水灌溉等要求，小型农田水利设施数量有持续增长的趋势。

2. 合作性与系统性较强

小型农田水利设施虽然投资少，使用方便，但是其功能体现必须与大中型水利设施配套使用。同时，小型农田水利设施各部分缺一不可，协调发挥才能真正发挥作用。以机井为例，一旦缺少抽水泵、输水管、渠道等配套设施，它无法发挥灌溉作用。基于小型农田水利设施的合作性与系统性，其建设必须综合流域、区域水土资源综合开发利用、地表水和地下水使用比例、农作物等众多因素，合理统筹规划，依靠专业技术支持。

3. 地区差异性较大

由于我国幅员辽阔，地域差异性较大，使用水源随着气候、空间的变化而变化，这一特性决定了小型农田水利设施的建设必须考虑当地的资源禀赋。在雨量充沛的地区，排涝泵站、排水沟、排水闸、地下暗管等排涝设施比较完善；在干旱地区，抗旱的农田水利设施较多。同时，地下水和地表水存量的不同决定了农田水利设施的种类也不尽相同。渠系建设、水坝、水库等在地表水充足的地区较为常见，而抽水设施在地下水充足的地区较多。

4. 信息不对称

农户作为小型农田水利设施的直接使用者与受益者，与其紧密相关，拥有较全面的信息；而农田水利设施的提供者或产权所有者与其接触较少，拥有的使用信息匮乏。产权拥有与使用信息的不对等导致小型农田水利设施的使用和管理出现"使用者管不到，管理者用不上"的断层现象，信息不完整或不对称是小型农田水利设施供给水平不高，农户需求意愿不能真实反映的原因。供给与需求错位影响农户对当前小型农田水利设施供给效果的满意度，进而导致小型农田水利设施供给效果陷入较低水平恶性循环。

5. 公益性强，经营成本高

小型农田水利设施作为农村居民最关键的准公共物品之一，除了农户自家使用的浅水井等微型设施外，大部分小型农田水利设施都有较大的受益群体，如水库、泵站、支渠等使用者一般都在几十户到几百户以上。这些小型农田水利设施除了具有保证农业生产的经济功能外，还同时具有防洪、排涝、抗旱等公益功能。由于大部分小型农田水利设施具有季节性使用的特点，而这些设施在野外露天环境中容易风化变质，需要经常性地加固维护，经营成本高而收益低，如果由私人垄断经营这部分水利设施，出于投资成本和经济利益考虑，经营者很可能会减少或放弃维护，导致这些水利设施状况持续恶化，逐渐丧失其应有的公益功能，不利于农业生产的稳步发展和保障粮食生产安全。

2.1.2 农户收入差异

农户收入是指农户通过体力或脑力劳动所获得的经济收益，包括农业收入和非农业收入两部分。农业收入指农户从事农业生产经营获得的收入，非农业收入主要包括外出务工收入、财产性收入和转移性收入。尽管农业收入在农户收入中的比重有所下降，但其仍是家庭收入的主要来源。农田水利设施供给效果直接对农户农业收入产生影响，基于农业收入差异视角研究农田水利设施供给效果更具说服力。因此，本书所谈及的农户收入差异是指农户的农业收入差异，即农户从事农业生产经营获得收入的差异，剥离了非农收入的影响。

2.1.3 农田水利设施供给效果

农田水利设施供给效果是对农田水利设施供给情况做出的综合性评价，

不仅包括客观效果，也包括主观效果。客观效果即农田水利设施供给水平，主观效果即农户个体结合农田水利设施供给现状和自身需求意愿所做出的满意度评价。

2.1.4　研究范围

选择村庄作为考察范围原因在于，同一村组内的农民相互认识，接触密切，对彼此的收入状况和收入差异比较了解，相互之间容易进行攀比（赵国峰、李建民，2007），因此，这种收入差异对农户农田水利设施供给满意度的影响更为直接。农户不大在意与自己相距较远村庄的农户之间的收入差异，因两地相距遥远，两地的农户对彼此之间的收入差异感觉不明显，这种收入差异不会对农户农田水利设施供给满意度产生显著影响。

基于农户收入差异的视角研究农田水利设施供给效果，而农田水利设施规模小，种类杂，农户对农田水利设施供给的认识有限，对村庄及周边的农田水利设施的供给情况较熟悉，而对初端农田水利设施较少接触，因此，本书所研究的农田水利设施仅限于机井、泵站、小水库、塘坝、节水灌溉工程、渠系末端及附属建筑物等设施。

2.2　理论基础

2.2.1　公共产品理论

18 世纪中期，英国哲学家 David Hume（1739）在其著作《人性论》首次提出公共产品概念，有些事情只有通过集体行动来执行才能到达公平，其完成结果对整个社会是有好处的，对个体的用处并不是很大。作为现代经济学中研究公共产品理论的先驱，Samuelson 于 1954 年首次将公共产品定义为"必须是由集团中所有成员均等消费的商品，如果集体中的任何一个成员可以得到一个单位，该集团中的每个其他成员也必须可以得到一个单位"。该定义揭示了效用的不可分割性、消费的非竞争性以及收益的非排他性这三个公共产品的显著特征。

在 Samuelson 的基础上，奥尔森（1995）对公共产品的定义进行了具体化，任何物品，如果一个集团中的任何个人能够消费它，它就不能不被那一个集团中的其他人消费，即不能将没有付费的人排除在外，则该产品就是公共产品或称之为集体物品。布坎南（1993）认为公共产品就是任何集团或社团通过集体组织提供的商品或服务，即但凡由集体组织提供的产品都可归类为公共产品。从以上定义可以看出，公共产品可根据消费或提供主体来进行辨别。以上两个学者均从消费角度对公共产品进行界定，认为公共产品在消费过程中不具有排他性。Samuelson 强调的是个人对公共产品的消费不会对其他人产生影响。奥尔森强调集体成员对集体行动的物品的享用，"搭便车"是一个典型行为。布坎南则从产品的供给主体来定义公共产品，凡是由集体生产或提供的物品都称为公共产品，这是基于生产上的"搭便车"行为的角度予以定义的。此外，Garrett Hadin（1968）的"公地的悲剧"理论用来区分公益物品和私人物品，Elinor Ostrom（2000）的"公共事物的治理之道"理论用来区分集体物品与个人物品。

2.2.1.1 公共产品的分类

以上学者基于严格意义上对公共产品进行了定义，而在实际生活中还存在着"准公共产品"，即介于纯公共产品和私人产品之间的产品。"准公共产品"又可根据其特征分为公共资源（拥挤的公共产品）和俱乐部产品（可计价的公共产品）。公共资源是指随着消费人数达到一定规模后，使消费者在消费时具有拥挤性的公共产品，而俱乐部产品是那些其收益可以定价，在技术上可以实现排他的公共产品（Vermiliion，1996；Ostrom，1999）。

布坎南于 1965 年在《俱乐部的经济理论》中首次提出"俱乐部产品"，该理论弥补了私人产品与纯公共产品之间缺失的链接，将介于这两者之间的产品定义为俱乐部产品。消费的有限竞争性与收益的局部排他性是俱乐部产品的两大特征。当会员数量的增加突破了最优规模，俱乐部就会出现拥挤，而且其收益对局内人是非排他的，对局外人却是排他的。

根据公共产品的本质特征，萨缪尔森将社会产品分为纯公共产品、纯私人产品和介于两者间的准公共物品。具体分类见表 2-1。

表 2-1 社会产品分类

特 性		排他性	
		有	无
竞争性	有	纯私人产品	公共资源
	无	俱乐部产品	纯公共产品

资料来源：Samuelson. A Note on the Pure Theory of Consumer's Behaviour [J]. Economica, 1938, 5 (17): 61-71.

根据以上分类，再结合我国大多数农田水利设施的特点，即都是由政府或集体提供，具有非排他性和竞争性，可以看出农田水利设施具有公共资源的特性。这种特性对于用水者过度使用农田水利设施的行为缺乏监管，而导致产生"公地的悲剧"现象。然而一些农田水利设施具有经营性，在消费上具有排他性，可采用租赁、转让等方式，或缴纳水费得以实现。由此可见，农田水利设施应该归属介于纯公共产品与私人产品之间的准公共产品这一类。

2.2.1.2 公共产品的外部性

外部效应可以理解为未在价格中得以反映的经济交易成本或效益，是对他人和社会造成的一种非市场化影响。公共产品的特征决定了其在供给和消费过程中存在外部性。Buchanan and Stubblebine（1962）将外部性定义为：某个团体的行为对其他团体产生影响但并未负责或补偿，即只要某一个人的效用函数（或某一企业的生产函数）所包含的变量是在另一个人（或企业）的控制之下，即存在外部效应。公式表示如下：

$$U^A = U^A (X_1, X_2, X_3, \cdots, X_n, Y_1)$$

假设 U 为某人从事一项活动的总效用，它不仅受到所控制的活动 X_1，X_2，X_3，$\cdots$，X_n 的影响，同时也受到处于另一个人控制的 Y_1 活动的影响，因而存在外部性影响。Y_1 的活动主要表现为利他主义的情况，例如：公共绿化、救济等。除此之外，外部性在很多情况下，也是内生于制度选择的一种结果（帕藩竺，1994）。

当存在外部效应时，人们在进行经济活动决策中所依据的价格，既不能精确地反映其全部的社会边际效益，也不能精确地反映其全部的社会边际成本。这是由于外部效应的存在，使得某项经济活动不仅仅影响了交易双方，同时对除交易双方之外的第三者产生影响，但在交易双方的决策中未予考虑该第三者因此而获得的效益或付出的成本。因而依据失真的价格信号所做出的经济活动决策，肯定会使得社会资源配置发生错误，而达不到帕累托最优（高培勇等，2007）。"公地的悲剧"和"免费搭便车"现象是由公共物品外部性导致的典型的经济后果（Garrett Hardin，1968；Olson，1965）。Olson强调公众对公共物品具有分利行为，而"免费搭便车"就是典型的分利行为。

2.2.1.3 公共产品外部性的矫正

庇古和科斯是研究公共产品外部性矫正方面最具代表性的人物。前者主张用政府干预的方法解决外部效应问题。私人边际效益或成本同社会边际效益或成本的非一致性是造成带有外部效应的物品或服务的市场供给过多或过少的原因，因此，政府应当制定矫正措施对私人边际效益或成本进行调整。实际上，政府对公共产品外部效应矫正的过程实际上就是对外部效应内在化的过程。就负的外部效应而言，其内在化就是将外部边际成本添加到私人边际成本上，从而使得该种物品的价格得以反映全部的社会边际成本；相应地，对于正外部效应而言，其内在化就是外部边际效益被计入私人边际效益，从而使得该种物品的价格得以反映全部的社会边际效益。矫正性的税收用于实现负的外部效应的内在化，财政补贴用于实现正外部性的内在化。

相对于庇古求助于政府的外部性矫正措施，科斯主张的是依靠市场来解决外部性问题。科斯（1960）认为如果不存在交易费用，则自愿的市场交易必然达到资源最优配置的结果。然而在现实生活中，交易费用通常并不为零，相关各方如有共同的利益，通常采用妥协合作的办法促进问题的解决，公共部门在促进问题解决上也可以采取有效措施，认为可以通过产权结构的界定以及经济组织形式的选择，实现外部性内部化，进而提高资源的配置效率。

Boulding（1971）否认公共产品的存在，认为所有问题都可以通过私人讨价还价得以解决。如果一种正的外部性表现为一种有竞争性的公共财产的形式，即一个受益者的使用会减少另一个人的使用，那么有效管制不仅需要对外部性生产者给予传统的补贴，而且要对享受这种外部性的人进行征税（Gould，1973）。

2.2.2 帕累托最优理论

福利经济学第一基本定律认为，完全竞争均衡即是帕累托最优状态。在经济分析中，有关资源配置有效性的一个广泛应用的价值判断标准就是帕累托最优。帕累托效率是一完全效率概念，指的是将生产、消费和交易有机地组织在一个经济系统中所达到的效率状态。新福利经济学判别福利状态优劣的新标准就是帕累托最优，即是在其他条件不变的条件下，只要一些人的经济福利不减少就无法增加另一些人的经济福利，这种状态就是福利达到最大化，即实现了帕累托最优状态。同样，在保持其他条件不变的情况下，一部分人的状况由于某一经济活动得到改善，同时又不会对另一部分人造成损失，即社会福利得到增加，这个过程就是帕累托改进。埃奇沃思盒状图很清晰地反映了两种商品或要素的总供给量在两个消费者之间的配置状态。如图 2-1 显示了在既定的供给总量下，两种商品或要素（X，Y）的最优配置状况。横轴 X_A 表示消费者 A 消费商品 X 的数量，横轴 Y_A 表示消费者 A 消费商品 Y 的数量。在 C 点，A 消费者消费 O_AX_C 的 X 商品，O_AY_C 的 Y 商品；B 消费者消费 O_BX_C 的 X 商品，O_BY_C 的 Y 商品。虽然两条无差异曲线有交点，但并不是帕累托最优点。如果 A 消费者沿着无差异曲线 I_{B2} 向左在交易，增加对 Y 商品的消费，减少对 X 商品的消费，这就可以在 B 消费者的满足程度并不降低的前提下，增加 A 消费者的满足程度。在达到点 E、F、D、G 时，意味着达到了帕累托最优。

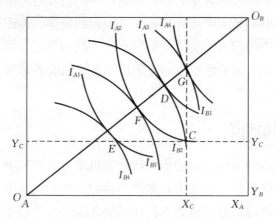

图 2-1　无差异曲线和埃奇沃思方框图

Samuelson 等（1999）提到了帕累托关于评价资源配置的标准，即社会无法进一步组织生产或消费，以增进某人的满足程度同时却不会减少其他人的福利，或者说，此时没有一个人的境遇能不使别人的境遇变得更糟的情况下变得更好。交换的最优条件、生产的最优条件及交换和生产的最优条件是达到帕累托最优必须满足的三个条件。萨缪尔森条件是实现资源配置效率最大化即"帕累托效率"的条件（Samuelson，1954）：配置在每一种物品或服务或劳务上的资源的社会边际效益均等于其社会边际成本，即为 MSB＝

MSC。在存在私人产品和俱乐部产品的情况下，Buchana（1965）对萨缪尔森条件进行了修正，认为对个人而言，边际替代率等于边际转换率，同时满足消费俱乐部规模下的消费俱乐部产品的边际替代率等于边际转换率；即：$\frac{u_j^i}{u_r^i}=\frac{f_j^i}{f_r^i}$，$\frac{u_{Nj}^i}{u_r^i}=\frac{f_{Nj}}{f_r^i}$。换句话说，个人均衡满足增加成员时的边际收益等于边际成本。

俱乐部成员有一致的偏好，并能公平享用公共产品和分担其成本是Buchana模型的一个重要的假设。而Oakland（1972）认为俱乐部成员是异质的，对公共产品的利用存在差异，因而有必要在生成帕累托条件时将俱乐部成员和非俱乐部成员都考虑在内。帕累托最优供给条件为加权后的边际替代率之和等于边际转换率。Sandler和Tschirhart（1980）、Helsley和Strange（1991）也对俱乐部产品的最优供给做了相关研究，同时对Oakland的最优供给模型进行了评价。

基于以上帕累托最优理论的分析，则可得出当政府考虑农田水利设施的供给问题时，必然要最大限度地使每一个农户的境遇得以改善，同时尽可能避免损害其他农户的利益，从而使得整个社会的福利得以提高。如果必须伤及一些群体利益时，那么农田水利设施供给所带来的整体效益是否较之前有所改善就必须成为政府考虑的一个条件。

2.2.3 集体行动理论

存在共同利益的个体组成的集团通常会以增进其共同利益为目标，这一点至少在涉及经济目标时被认为是理所当然的。然而实际上，除非一个集团中人数很少，或者除非存在强制或其他某些特殊手段以使个人采取行动以实现他们共同的或者集团的利益（奥尔森，2011）。如果没有社会压力、社会地位或其他社会及心理目标时，集体中将无人参与集体行动（卢梭，2003）。当前利益往往是个体在经济活动所追求的，而对理性集体而言，集体或社会的长远利益才是他们所注重的，导致由个体组成的集体非理性，从而出现集体行动的困境。这一逻辑同样符合在农田水利设施的供给问题，用来解释农田水利设施老化失修、过度使用、管理混乱等现象。由于存在集体行动的逻辑困境，私人（包括农户）愿意投入到农田水利设施建设和管理维护中精力和资金十分有限。私人参与农田水利设施供给管理是基于个体理性做出决策会造成集体的非理性，最终个体利益与集体利益冲突导致了农田水利设施供给的困境。

选择性激励理论讨论了如何促使个体利益与集体利益保持一致。经济激励是使用最为广泛的一种激励方式，但并不是唯一的激励，并在很大程度上存在局限性，诸如声望、尊重、社会地位和心理满足感等非经济激励也是人们想要得到的（Edward，1950）。经济地位和社会地位之间存在诸多方面存在差异，当经济激励不存在或者不足以促使个人为集团利益做贡献时，社会激励就可能会发挥作用。将这一逻辑引申到农田水利设施供给中来，一个村庄的有些人把提供这个公共物品的负担推给别人，那么即使他们的行动使他们在经济上受益，但他们的社会地位会因此而下降，而且这一社会损失可能超过经济受益。社会制裁和社会奖励属于"选择性激励"，其中社会激励的本质就是它们能对个人加以区别对待，并排斥不服从的个人，但这种选择激励只有在比较小的集团中才能起作用。与此相反，也有学者认为当集团中不存在社会压力时，也不一定能推理出集团成员是完全自私或追逐利润最大化这一结论，在没有社会压力的环境下，人们也可能会采取无私的行动。许多研究组织理论的学者认为，应该用和货币激励相同的方式来分析社会激励，并用同样的方法分析其他激励方式（Barnard，1938；Clark和Wilson，1961）。

社会科学家认为一个具有共同利益的群体一定会为实现这个共同的利益而采取集体行动，但这种假设往往太过苛刻。利益集团成员目标的共同性使集团目标的实现成为这个集团的公共利益，然而在这种情景中容易产生搭便车激励，造成集体行动效率的下降。因此，奥尔森认为当"搭便车"现象存在时，理性、自利的个人一般不会为集体利益而努力，集体行动的实现很困难。集体规模较小时，集体行动比较容易产生；但随着规模的扩大，集体行动会越来越困难。奥尔森的理论较好地解释了我国农田水利设施末端为何无人管理、维护，揭示了农户缺乏参与农田水利设施建设意愿的原因。

2.2.4　消费者行为理论

消费者行为理论也称为效用理论。Varian（2006）认为人们总是选择他们能负担得起的最好的东西，即在约束条件下的最大化问题。消费者选择的目标被界定为若干消费束，任何消费束都可用一种最简单的方式描述出来，即（x_1，x_2），其中 x_1 表示一种商品的数量，x_2 表示另一种商品的数量或是其他所有商品的数量。如果消费者对两个商品束是无差异的，说明消费者对任何一商品束的偏好不会超过另一个，（x_1，x_2）～（y_1，y_2）表示了这种无差异关系。如果消费者偏好（x_1，x_2）或者两个消费束无差异，则表明相对于（y_1，y_2），消费者弱偏好于（x_1，x_2），可表示为（x_1，x_2）≥（y_1，y_2）。

由两种商品构成的对消费者而言是无差异的各种组合所带来的总效用是一样的。图 2-2 显示了一组无差异曲线。离原点越远的曲线代表越高数量的商品组合，比处于较低曲线上的组合更为人们所偏好，即离原点越远的曲线效用水平越高，因此 I_3 比 I_2 好，I_2 又比 I_1 好。但是在其达到更好的效用水平的情况下，同时要受到消费者预算约束条件的限制。预算约束可用不等式 $p_xx + p_yy \leqslant m$ 来表示，其中 m 为可负担的预算。在图 2-3 中，预算约束线经过了 A 和 B 两点，表明消费者在当前的预算下可购买组合 A 和组合 B 的商品，但组合 B 不是最优的，I_3 上的组合又无法触及到。由此可推断出，任何最优的消费点都会发生在无差异曲线与预算约束线的相切之处。令两条线的斜率相等，就是使消费者在此处消费的条件，花费在任何商品上的最后一美元的边际效用都相等或者边际替代率等于价格之比的消费组合 $MRSx_y = \dfrac{p_x}{p_y}$。

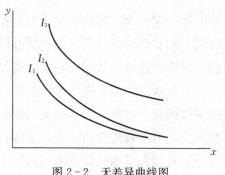

图 2-2 无差异曲线图

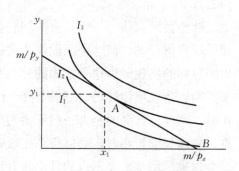

图 2-3 无差异曲线与消费者均衡

同消费者在购买其他商品进行消费一样，农户消费农田水利设施这一产品也存在期望效用最大化的原则。农田水利设施的种类、供给方式、使用情况等为农户提供了更多选择，农户会根据自身的经济状况、消费偏好等挑选能使农户效用最大化的方案。因此对于农户来说，其不论是作为农田水利设施的供给者还是使用者，都必定以效用最大化为前提。

2.3　理论框架

2.3.1　农户收入差异视角下农田水利设施供给效果研究的 DI - OS - O逻辑框架

把农田水利设施供给的过程作为研究对象是研究农田水利设施供给效果的前提，农田水利设施供给过程是一个多环节顺序衔接且环环相扣的综合过程，DI - OS - O为基于农户收入差异视角的农田水利设施供给效果研究提供了系统化的逻辑框架。如图 2 - 4 所示。

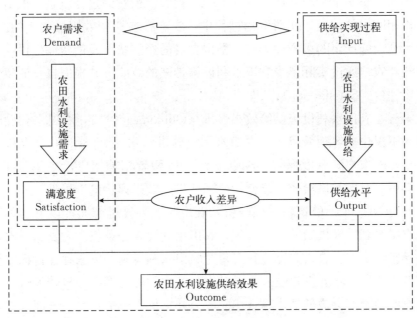

图 2 - 4　农田水利设施供给效果研究的 DI - OS - O 逻辑框架

第一，围绕公共产品这一核心概念，以农田水利设施供给的源头——农户需求（Demand）作为起点。探究农田水利设施供给历史沿革及发展现状，以明晰农户需求，农户需求的存在决定了农田水利设施供给的必要性，同时，农户需求的满足也是农田水利设施供给的终极目标，因此农田水利设施供给与农户需求是否匹配是农田水利设施供给效果评价的核心内容。

第二，农户收入差异导致农户对农田水利设施的需求存在明显的目标差异和心理偏好差异，使农户需求具有多样性的特征，而满足农户需求的资源投入是有限的，因此在公共选择与供给决策过程中必须就供给规模与供给结构做出抉择，最大限度地使每一个农户的境遇得以改善，提高农田水利设施供给带来的整体效益。经过公共选择与供给决策，农田水利设施供给进入供给实现（Input）过程，即人力、物力与其他资源投入农田水利设施的具体供给过程。

第三，经过农田水利设施供给实现（Input）过程，进入农田水利设施产出（Output）阶段。这些产出既包括渠系建设、机井建设及配套设施建设等有形产品，也包括管护能力等无形服务，从不同维度反映了农田水利设施供给水平，通过建立一套相对完善、可以明确量化的指标体系进行衡量。

第四，农田水利设施产出（Output）被农户消费的过程就是其供给与农户需求相匹配的过程，在消费的过程中，农户存在期望效用最大化的原则，农田水利设施产出的多样性为农户根据自身的经济状况及消费偏好提供了更多选择，农户通过实际感受农田水利设施带来的效应，并根据自身期望做出满意度评价（Satisfaction）。

第五，农田水利设施供给效果显现（Outcome）阶段，农田水利设施供给效果不仅包括客观效果——农田水利设施供给水平（Output），也包括主观效果——农户满意度评价（Satisfaction）。两者相辅相成，缺一不可，局限于其中一方面的供给效果研究，会降低供给效果评价的准确性。

通过 DI-OS-O 逻辑框架分析，农户收入差异可能通过以下几种机制影响农田水利设施供给效果。首先，农田水利设施公共投资和支出受农户收入差异影响，农户收入差异导致农户对农田水利设施的需求存在目标差异和心理偏好差异，随着农户收入差异扩大，农户的心理偏好差异较大时，农田水利设施的价值会被低估，导致相应的公共支出受影响；另一方面，农户收入差异扩大影响相关公共政策实施，导致对农田水利设施的投资发生改变，影响农田水利设施供给水平。其次，农户收入差异扩大会影响其对农田水利设施供给的满意度，不同收入差异农户对农田水利设施表现出具有明显个体特征的期望，农户通过实际感受农田水利设施带来的效应做出的满意度评价会受到影响。

2.3.2 农户收入差异视角下农田水利设施供给效果评价框架

按照农田水利设施供给效果研究的 DI-OS-O 逻辑框架，本书构建农田水利设施供给效果评价框架。基于农户收入差异与农田水利设施供给的内在关联关系，首先，对农田水利设施供给的客观效果进行评价，构建相对完善的农田水利供给水平评价指标体系，测算农田水利供给水平，分析农户收入差异对农田水利设施供给水平的影响；其次，对农田水利设施供给的主观效果进行评价，探讨不同收入差异农户对农田水利设施供给的满意度，分析农户收入差异对农户满意度的影响；最后，以前述分析为基础，构建基于农户收入差异视角的农田水利设施供给效果的综合评价体系（评价理论、方法、指标等）。如图2-5所示。

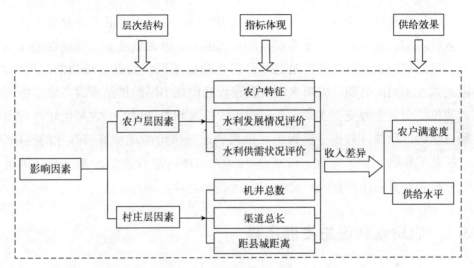

图2-5 农田水利设施供给效果评价框架

第三章 ▫▫▫▫▫▫▫▫▫▫▫▫▫

农田水利设施供给现状分析与
农户收入差异测算

  农田水利设施建设对于农业生产至关重要，既是提高农业综合生产能力的重要基础，也是增强农业抵御自然灾害能力，改善农业生产弱质性的推动力。然而农田水利设施的准公共产品特性决定了其供给具有较强的政策性，因此，在不同的时期，农田水利设施建设会出现不同的供给模式，供给主体的地位也会发生改变。本章主要对我国农田水利设施供给的发展历程进行回顾总结，运用统计数据分析我国农田水利设施供给的现状及其存在的问题；选择基尼系数、泰尔指数、最富有 40％人口所占总收入的份额三个指标进行分析并测算村庄内部农户之间的农业收入差异。

3.1　农田水利设施发展历程

  新中国成立后，我国政府高度重视农田水利设施建设，农田水利建设蓬勃发展，为我国农业可持续发展提供了保障。根据我国农田水利设施供给和治理的变化，可以将其发展历程分为两大阶段。

3.1.1　改革开放前

1. 农田水利供给恢复时期（1949—1952 年）

  新中国成立之初，因常年战争损坏，农田水利设施千疮百孔，如何解决 5 亿人民的温饱成为国家面临的迫切问题。1949 年，农业部与水利部成立，农业部建立农田水利局，对我国的农田水利工作进行监管，水利部负责国家整体的水资源管理、开发以及相关的工作，两部门分别在不同层面推动农田水利事业的发展，促进我国农田水利设施有效恢复。

1949 年 11 月，第一次全国性的水利工作会议提出"防止水患，兴修水利，以达到大量发展生产的目的"的水利建设方针，在此基础上，国家要求动用一切有利的条件来恢复和发展水利事业。1950 年 1 月，农业部农田水利局在《1950 年全国农田水利计划（草案）》中提出，发展农田水利，首先要对旧有水利工程加紧修整，并对不同地区作出具体要求，"机械灌溉工程的发展重点为华东、中南两区，在华北及豫、鲁地区发展水车七万辆，打井五万眼"。

1949—1952 年，这一时期的农田水利设施供给是由国家广泛发动群众有偿或义务劳动参与农田水利建设，有计划、有针对性地运用国家投资、贷款，大力组织群众资金和吸收私人资本投入农田水利事业，主要包括修复堤坝、疏通河道、兴修渠道和整理农田水利工程配套设施等。依靠广大群众的政治觉悟与热情，各级政府通过协作组织充分发挥群众力量，农田水利设施建设规模得到较大提升。截至 1952 年底，全国建设水井 80 余万眼，修建小型渠道及塘坝 600 多万处，安装抽水机 3 万台，修复和扩建了引黄灌溉济卫工程、苏北灌溉总渠、官厅水库、佛子岭水库等大型水利工程，扩大灌溉面积 373 万 hm^2。这一时期的农田水利设施供给得到了有效恢复，保障了农业生产健康、持续发展，为我国其他产业的恢复奠定了基础。

2. 农田水利供给快速发展与巩固时期（1953—1965 年）

1953—1957 年是我国第一个五年计划时期，在水利部会议上，肯定了前一时期农田水利设施建设的同时，明确指出应尊重群众意愿，重视发展群众性很强的小型农田水利建设。在农田水利设施建设中，按照农户受益多寡合理分配水利出工任务，提出灌区征收水费应用于支付管理人员工资和水利设施日常维护，不应以营利为目的。

这一时期修建了大量小型农田水利设施，清理维护了主要排水河道，增加灌溉面积 667 万 hm^2，综合治理了淮河、海河主要流域。1958—1961 年"大跃进"时期，当合作化生产在全国范围内展开时，农田水利设施的供给方式发生了变化，国家负责修建大型农田水利工程，合作社生产队负责修建机井、开渠、挖塘、筑坝等小型水利工程。这种供给方式促进了农田水利建设发展，但是该时期农田水利建设过分追求数量与规模，对工程质量重视不够，导致很多设施在后续使用中出现严重问题。根据相关资料统计，该时期全国建设小型水库 45 410 座，是 1949—1957 年新建数量的 420 倍，较 1957

年，新增灌溉面积 367 万 hm²，同时该时期修建的红旗渠、河套灌区总干渠、密云水库等大中型农田水利设施至今仍发挥重要作用。1953—1961 年是我国农田水利建设快速发展期，小型农田水利建设得到空前增长。

1961 年 12 月，中央在批转农业部和水电部《关于加强水利管理工作的十条意见》中指出，"当前水利问题不是再新建多少工程而是如何巩固已得成就，完成尾工配套（包括平整土地）等工作，使它们充分发挥效益。"1962 年 11 月，农业部在全国农业会议上提出"小型为主，配套为主，群众为主"的冬修水利方针；同年 12 月，水利部在全国水利会议上提出"巩固提高，加强管理，积极配套，重点兴建，并为进一步发展创造条件"的水利工作方针。到 1965 年 8 月水电部召开的全国水利工作会议上提出"大寨精神，小型为主，全面配套，狠抓管理，更好地为农业增产服务"的水利方针以后才统一了思想，一些错误做法也随之得到纠正。

受大跃进与三年自然灾害影响，我国农田水利建设进入调整巩固时期，国家提出了以小型农田水利设施建设为主，对水利设施进行全面配套，加强水利设施管理维护的工作方针。截至 1965 年底，全国有效灌溉面积达到 3 200 万 hm²，机井数量 19.42 万眼，农田水利设施得到全面配套。

3. 农田水利供给低谷时期（1966—1977 年）

1966—1976 年，"文化大革命"给我国各个领域造成了严重混乱，农田水利设施建设遭受了巨大灾难。在水利建设方面，水利科研机构被撤销，大量水利工作人员被下放改造，原先制定的水利计划被搁置，严重打乱了我国水利建设事业的发展，农田水利建设陷入停滞状态。只有少数的水利工作者在困难的环境下坚持工作，保证了部分水利工程的正常运行。随着"文化大革命"进入尾声，水利建设逐步进入整顿恢复时期。1972 年全国水利管理工作会议召开，会议决定在全国所有地区全面开展水利建设工程检查工作，制定总体规划和任务指标，对水利工程的投资使用情况、管理情况、质量安全情况进行系统排查。虽然"文化大革命"对农田水利建设事业造成了严重破坏，但是经过后期的整顿修复，仍然取得了一些成绩。截至 1977 年，我国农田有效灌溉面积达到 4 467 万 hm²，有效灌溉面积占耕地面积的比例达到 45.2%。

3.1.2　改革开放后

1. 农田水利供给调整时期（1978 年至 20 世纪 80 年代末）

1978 年党的十一届三中全会提出了改革开放的决策，随着家庭联产承包责任制的出台，我国农村土地责任制形式发生改变，实行综合承包、单项承包、定户定人承包等不同形式的责任制，极大地激发了农民的生产积极性。1981 年，国务院相关部门出台了《关于全国加强农田水利工作责任制的报告》，对农田水利设施供给方式进行了调整，农田水利设施建设由政府和集体管理为主转向实行不同形式的合同制、承包责任制，这一规定的出台规范了当时的农田水利管理，沿用至今。1984 年水利改革座谈会议上，提出了"全面服务，转轨变型"的改革思路，水利工作重点从为农业服务调整到为社会经济全面服务。由于刚开始实行合同制与承包责任制，制度不完善，早期建设的农田水利设施由于缺少维护而老化失修，新建农田水利设施出现劳力、财力、物力匮乏，农田水利设施建设举步维艰。在此情形下，1987 年国家规定"每年从收取的耕地占用金中拿出一定的比例用于土地开垦和中低产田改造，提高农业综合生产能力，称之为农业综合开发，农发资金中大约有一部分用于小型农田水利设施建设和配套改造"，解决了农田水利建设资金不足问题。另外，还采取了"以工代赈"的方法，支持贫困地区的基本农田、小型水利等基础设施建设。

2. 农田水利供给深化改革时期（20 世纪 90 年代）

国务院出台的《关于大量开展农田水利基本建设的决定》中规定，农田水利基本建设被作为一项长期任务列入计划，实行农田水利劳动积累工制度，每个农村劳动力每年投入 10～20 个劳动积累工日。与此同时，农田水利设施建设的焦点集中在建立农田水利设施产权制度，通过明晰产权归属更好地带动农田水利建设。

1991 年 4 月，全国人大七届四次会议首次提出："要把水利作为国民经济的基础产业放在重要战略地位"。1991 年 11 月，党的十三届八中全会召开，《中共中央关于全面深化改革若干重大问题的决定》中明确指出："水利是农业的命脉，是国民经济和社会发展的基础产业。兴修水利是治国安邦的百年大计。"1995 年，党的十四届五中全会召开。《党的十四届五中全会公报》把水利列在国民经济基础设施建设的首位、把节水排在资源节约的首位。1996 年，国务院颁布《关于进一步加强农田水利建设的通知》规定，"要依法积极引导、鼓励农民群众集资投劳兴建小型水利工程；鼓励单位和个人按照'谁投资、谁建设、谁所有、谁管理、谁受益'的原则采取独资、合资、股份合作等多种形式，建设农田水利设施。"1998 年，党的十五届三中全会召开，《中共中央关于农业和农村工作若干重大问题的决定》再次指出："洪涝灾害历来是中华民族的心腹大患，水资源短缺越来越成为我国农业和经济社会发展的制约因素，必须引起全党高度重视。要增强全民族的水患意识，动员全社会力量把兴修水利这件安民兴邦的大事抓好。"

国务院《关于进一步加强农田水利基本建设的通知》中规定按照"谁投资、谁建设、谁所有、谁管理、谁受益"的原则，鼓励独资、合资、股份合作等多层次、多渠道的水利建设筹资方式，为我国农田水利发展拓宽了融资渠道。深化改革时期，我国农田水利建设最大的突破就是引入市场化概念，不同的利益主体介入市场竞争，通过优胜劣汰提高资源配置效率，实现资源的最优配置。这一时期，耕地有效灌溉面积年环比增长率达 1.3%，是改革开放以来发展最快的阶段。水利基建投资年增长率高达 19.7%，是农村改革开放以来水利基建投资增长速度唯一高于全国基建投资年增长速度的时期（张岳，2004）。

3. 农田水利供给多元化时期（2000 年至今）

随着国家农村税费改革，中央于 2000 年取消"两工"，农田水利设施建设进入全面改革时期。2003 年，水利部出台《小型农村水利工程管理体制改革实施意见》，以前村集体修建的农田水利设施依然归村集体所有，然而这部分农田水利设施损毁严重。一方面，村集体有限的约束力难以避免"搭便车"现象；另一方面，损毁的农田水利设施不能得到及时维护。

2004 年 12 月 31 日，中央 1 号文件提出"在中央财政建立农田水利设施专项资金，把农田水利建设资金纳入各级政府公共财政计划"，要求"在继续搞好大中型农田水利设施的同时，不断加大对小型农田水利的投入力度。"2005 年国务院办公厅《关于建立农田水利设施新机制的意见》规定，"鼓励和扶持农民用水协会等专业合作组织的发展，充分发挥其在工程建设、使用维修、水费计收等方面的作用"。《建立农田水利基本建设新机制的意见》明确指出，我国农田水利设施建设应以各级政府投入为主导，农户自愿投入为基础，其他社会投入为补充的多元化投入机制，农村基础设施建设实行"一事一议"制度。大中型的农田水利设施依然由国家负责建设，小型的农田水利设施实行自我供给、合作供给等多元化供给。2005 年 10 月 31 日，水利部、国家发改委、民政部联合下发《关于加强农民用水协会建设的意见》，全面系统地阐述了加强用水协会建设的重要性、发展的指导思想和原则，将组织农户用水协会置于重要的位置。这一时期的农田水利政策进一步强调了市场化，同时着眼于我国水利的可持续发展，对农村水利发展给予了诸多政策支持。

2007 年 12 月 31 日，《中共中央、国务院关于切实加强农业基础建设进一步促进农业发展农民增收的若干意见》明确指出，加强以农田水利为重点的农业基础设施建设是强化农业基础的紧迫任务。必须切实加大投入力度，加快建设步伐，努力提高农业综合生产能力，尽快改变农业基础设施长期薄弱的局面。狠抓小型农田水利建设。抓紧编制和完善县级农田水利建设规划，整体推进农田水利工程建设和管理。采取奖励、补助等形式，调动农民建设小型农田水利工程的积极性。推进小型农田水利工程产权制度改革，探索非经营性农村水利工程管理体制改革办法，明确建设主体和管护责任。2008 年《关于 2007 年农民负担检查情况和 2008 年减轻农民负担工作的意见》指出，要解决农业用水负担过重问题。一是清理整顿和规范末级渠系水费收取秩序，完善农业用水价格机制，逐步推行农业用水计量收费和面向农民的终端水价制度，依法查处农业水费计收中乱摊派、搭车收费等违法行为。二是推进减轻农民水费负担综合改革试点，明确政府与农民对农田水利设施的投入责任，加大灌区节水改造力度、改善末级渠系供水条件，不断推进水管体制改革，探索建立农田水利投入和鼓励农民节水的新机制。

2009 年 11 月 4 日《中央财政小型农田水利重点县建设管理办法》明确指出，重点县财政、水利部门要在当地政府的统一领导下，依据规划，科学编制重点县建设方案，合理确定年度实施计划，切实落实资金筹集方案，有效整合相关资金，建立和健全项目建设和资金管理制度，调动农民投工投劳和参与建设管理的积极性，提高资金使用效益，保证项目建设进度和质量。2010 年 12 月 31 日，中央 1 号文件《中共中央、国务院关于加快水利改革发展的决定》明确提出，大兴农田水利建设。到 2020 年，基本完成大型灌区、重点中型灌区续建配套和节水改造任务。健全农田水利建设新机制，中央和省级财政要大幅增加专项补助资金，市、县两级政府也要切实增加农田水利建设投入，引导农民自愿投工投劳。加快推进小型农田水利重点县建设，优先安排产粮大县，加强灌区末级渠系建设和田间工程配套，促进旱涝保收高标准农田建设。2011年3月30日，国务院办公厅转发水利电力部《关于发展农村水利增强农业后劲报告的通知》明确指出，地方机动财力每年要拿出适当比例，用于改善农业基础设施。农业贷款内的水利贷款，用于效益好、有偿还能力的小型农田水利项目，经财政部门同意，可由农水补助费贴息。

2012年5月24日，《中央财政小型农田水利设施建设和国家水土保持重点建设工程补助专项资金管理办法》明确指出，小农水专项资金项目审查要严格执行有关评审标准与要求，应当遵循以下原则：①因地制宜原则。根据当地水资源条件、生产实际需要和投资可能，确定项目工程措施和类型，做到经济上合理，技术上可行。②集中连片原则。项目安排要集中资金和技术，连片建设，形成规模，发挥工程的整体效益。③项目统筹原则。县级要依据农田水利规划，按照资金整合的总体要求，统筹考虑各类相关项目的建设方案、项目建设能力等情况，合理安排项目布局、建设内容和规模。省级统筹考虑各项目区实际情况，合理安排重点县建设项目与专项工程项目的建设布局和资金规模。

2014年10月24日水利部《关于印发全国冬春农田水利基本建设实施方案的通知》明确指出，加快解决农田水利"最后一公里"问题。以县级农田水利建设规划为依托，搞好小型农田水利重点县建设，加强田间终端用水设施配套、水源与输配水渠系"卡脖子"工程疏通、节水灌溉技术推广、农村河塘清淤整治和1万～5万亩灌区配套改造，加大山丘区"五小水利"、雨水集蓄利用等工程建设力度，配套实施土地平整、机耕道建设和土壤改良、测土配方施肥等技术措施，改造中低产田。深化灌区与泵站等水管体制改革，加快推进小型农田水利工程产权制度改革，落实农田灌排工程运行管理费用财政补助政策，健全完善基层水利服务体系，鼓励农民、农民用水合作组织和各类新型农业经营主体参与管护，着力解决农田水利管理"最后一公里"问题。

2016年5月17日，《农田水利条例》规定，首先，农田水利工程建设应符合国家有关农田水利标准。其次，规定农田水利工程建设单位应建立健全工程质量安全管理制度，对工程质量安全负责，并公示工程建设情况。再次，规定政府投资建设的农田水利工程由县级以上人民政府有关部门组织竣工验收，并邀请有关专家和农村集体经济组织、农民用水合作组织、农民代表参加；社会力量投资建设的农田水利工程由投资者或者受益者组织竣工验收。政府与社会力量共同投资的农田水利工程，由县级以上人民政府有关部门、社会投资者或者受益者共同组织竣工验收。最后，规定农田水利工程验收合格后，由县级以上地方人民政府水行政主管部门组织造册存档。2017年《"十三五"全国水利扶贫专项规划》明确指出，针对贫困地区耕地灌溉率低、农田水利基础设施落后等现状，紧密结合脱贫致富产业开发，按照把农田水利配套工作落实到贫困县、贫困乡、贫困村的要求，加快实施贫困地区农田水利工程建设，加强大中型灌区续建配套与节水改造，在有条件地区新建部分灌区，适当增加灌溉面积，加快建设小型农田水利工程，积极推进高效节水灌溉工程，统筹解决好灌溉水源、农田灌排骨干工程和田间工程"最后一公里"问题，为实施"发展生产脱贫一批"提供重要的水利保障与支撑。

2018年水利部关于印发《深化农田水利改革的指导意见》的通知中明确指出，推进农田水利设施提档升级。加快大中型灌区续建配套与现代化改造，同步建设田间工程和用水计量设施。开展小型农田水利设施达标提质，推进灌溉信息化和智能化。全面实施区域规模化高效节水灌溉行动，加强节水灌溉关键核心技术和装备研发攻关，大力推广喷灌、微灌、管道输水灌溉等高效节水灌溉技术，在适宜地区从水源到田间整体设计，集中投入、建设一批重大高效节水灌溉工程。因地制宜发展集雨节灌和牧区高效节水灌溉饲草料地建设。加强节水灌溉工程与农艺、农机、生物、管理等措施的结合，积极推广水肥一体化。大力发展旱作节水农业。突出政府主导地位。要按照《农田水利条例》规定，全面落实政府对农田水利工作的组织领导、管理和监督责任。要强化农田水利的基础性和公益性，以及在实施乡村振兴战略中的重要地位，科学规划，切实把农田水利作为公共财政投入优先保障领域，进一步增加财政投入，用足用好金融支持政策，多方筹集资金。引导受益主体履行农田水利建设管理的责任和义务，推动形成政府主导、规划统筹、部门协作、社会支持、受益主体参与的工作格局。

农田水利设施的多元化供给不仅极大地提高了供给效率，也符合农户的需求意愿。然而，其中仍然存在一些问题，农业较低的比较收益导致农户参与农田水利设施供给的意愿较弱，甚至出现了农田水利设施供给在较低水平恶性循环。总体而言，多元化的农田水利设施供给方式促进了我国水利事业的快速发展，也符合市场化发展的要求，而农田水利设施管理制度还不完善，一定程度上制约了多元化供给方式的发展。

3.2 农田水利设施的供给现状分析

改革开放以来，我国农田水利事业得到长足发展，农田水利设施质量与数量均远超越以前，为农业可持续发展提供了保障。为全面地分析农田水利设施供给情况，下面将从农田水利设施供给的规模、农田水利设施供给的地区差异、农田水利设施供给的结构差异三个方面展开分析，以期能对我国农田水利设施供给现状有一个较为全面、深入的认识。

3.2.1 我国农田水利设施供给的规模

1. 农田水利设施投资规模

2005—2014 年，全社会水利固定资产投资总体呈持续增长的态势，2007 年全社会水利固定资产投资突破 1 000 亿元。随着国家加大南水北调工程的投资，2008 年南水北调工程投资 177.2 亿元，2009 年投资 143.0 亿元，2010 年骤增到 528.1 亿元，2011 年有所回落，投资额为 461.4 亿元。2014 年全国水利固定资产投资 4 345.1 亿元，比 2005 年增加投资 3 517.7 亿元。2005—2014 年，全社会水利固定资产投资每年增加的幅度有所不同，年投资增长比例呈现波浪式的增长。2008 年、2010 年、2011 年和 2012 年的年投资增加比较高，而且每年投资的重点也有所变化。2008 年主要加大了在防洪工程建设、水资源工程建设方面的投资；2010 年在持续加大水资源工程建设投资的同时，主要增加了水土保持及生态环境保护投资、水电及专项工程投资；2011 年持续加大了水电及专项工程方面的投资；2012 年投资重点转向安装工程与机电设备及工器具购置。见图 3-1。

随着《水利基本建设资金管理办法》的颁布，国家逐步弱化中央对水利基础设施建设项目的投资力度，地方投资比重有所加强。2001—2002 年，我国水利基础设施建设项目中央投资与地方投资基本持平，中央投资占总投资的比重维持在 50% 左右。自 2003—2014 年，地方投资远远超过了中央投资，呈现地方投资为主、中央投资为辅的格局，地方投资占总投资的比重都

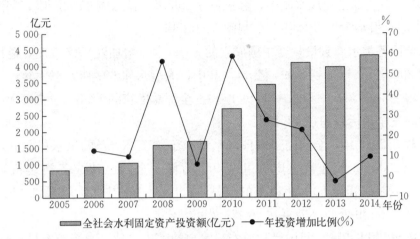

图 3-1　2005—2014 年全社会水利固定资产投资额及年投资增加比

资料来源：水利部：《全国水利发展统计公报》(2005—2014)。

在 70% 以上。见表 3-1。

表 3-1　中央与地方水利基本建设项目投资额及比重

单位：亿元、%

年份	中央投资		地方投资		年份	中央投资		地方投资	
	投资额	比重	投资额	比重		投资额	比重	投资额	比重
2001	275	0.49	285	0.51	2008	109.2	0.10	979	0.90
2002	415	0.51	404	0.49	2009	206.9	0.11	1 687.1	0.89
2003	96.5	0.13	646.9	0.87	2010	442.8	0.19	1 877.1	0.81
2004	142.9	0.18	640.6	0.82	2011	597.5	0.19	2 488.5	0.81
2005	122.7	0.16	624.1	0.84	2012	1 029.6	0.26	2 934.6	0.74
2006	161.1	0.20	632.8	0.80	2013	950.2	0.25	2 807.4	0.75
2007	154.5	0.16	790.4	0.84	2014	1 161.7	0.28	2 921.4	0.72

资料来源：水利部：《全国水利发展统计公报》(2001—2014)。

2. 主要水利工程的供给规模

新中国成立前，我国江河堤防长度仅为 4.2 万 km，到 2014 年已建成江河堤防长度 28.4 万 km，增加了 24.2 万 km，其长度是新中国成立时的 7 倍左右，堤防达标率为 66.4%，其中一级、二级达标堤防长度为 3.04 万 km，达标率为 77.5%。全国已建成江河堤防保护人口 5.86 亿人，保护耕地 4 280 万 hm²。全国已建成流量为 5 m³/s 及以上的水闸 98 686 座，其中大型水闸

875 座。在全部已建成水闸中，分洪闸 7 993 座，排水闸 17 581 座，挡潮闸 5 831 座，引水闸 11 124 座，节制闸 56 157 座。

全国各类水库数量从新中国成立的 1 200 多座增加到 97 735 座，总库容从约 200 亿 m³ 增加到 8 394 亿 m³。其中，大型水库 697 座，总库容占全部总库容的 78.8%；中型水库 3 799 座，占全部总库容的 12.8%。全国大中型水库的安全达标率超过 97.7%。

截至 2014 年，全国已建成日取水量大于等于 20 m³ 的供水机电井或内径大于 200 mm 的灌溉机电井共 469.1 万眼。全国已建成各类装机容量 1 m³/s 或装机容量 50 kW 以上的泵站 90 982 处，其中，大型泵站 366 处，中型泵站 4 139 处，小型泵站 86 477 处。

截至 2014 年底，我国已建成农村水电站 47 073 座，总装机容量 7 332.1 万 kW，占全国水电装机容量的 24.3%；全国农村水电年发电量 2 281 亿 kWh，占全国水电装机年发电量的 21.4%，累计解决数亿无电人口用电问题。

截至 2014 年底，全国水土流失综合治理面积达 111.61 万 km²，累计封禁治理保有面积 79 万 km²，建成生态清洁型小流域 340 条。在 18 个国家级重点治理区、15 个国家级重点预防保护区和 1 个生产建设项目集中区开展了水土流失动态监测，完成抽样监测面积约 34 万 km²。对全国水土保持监测网络和信息系统进行了管理维护，基本实现了监测点数据上报、管理、存储信息化。

农村水利设施持续发展，农田灌溉面积不断扩大。全国建成各类小型农田水利工程 2 000 多万处，设计灌溉面积 2 000 亩及以上的灌区共 22 448 处，耕地灌溉面积 3 397.5 万 hm²。其中，50 万亩以上灌区 176 处，耕地灌溉面积 624.1 万 hm²；30 万～50 万亩大型灌区 280 处，耕地灌溉面积 501.0 万 hm²。截至 2014 年底，全国耕地灌溉面积 6 454.0 万 hm²，占全国耕地面积的 53.8%。全国工程节水灌溉面积 2 901.9 万 hm²，其中，喷灌、微灌面积 784.3 万 hm²，低压管灌面积 827.1 万 hm²，渠道防渗节水灌溉面积及其他工程节水灌溉面积 1 290.5 万 hm²。对全国大型灌区进行续建配套和节水改造，对大型排涝泵站进行维护更新。我国在占全国耕地面积的 47.8% 的灌溉面积上生产了占全国总量 75% 的粮食和 90% 以上的经济作物，实现了粮食等农产品供给的历史性转变。

3.2.2　农田水利设施供给的地区差异

我国各区域自然资源禀赋与经济发展水平存在较大差异，导致农田水利设施供给不平衡问题十分突出。我国东部地区雨量充沛，水资源丰富，经济发展较高，农田水利设施建设比较完备；中部地区平原居多，境内多条河流贯穿，自然条件优越，长期以来重视农业发展，农田水利设施建设相对完善；然而西部地区的自然环境恶劣，山地较多，水资源匮乏，加之历史遗留原因及经济发展水平不高，农田水利设施建设落后于东部和中部地区。

从图 3-2 可看出，中部地区水库数量最多，东、西部地区的水库数量差异不大。2005—2014 年，东、中、西部三个地区水库数量整体呈增长趋势。2012 年，水利部和财政部联合发出文件，加强和规范了中央财政对中西部地区、贫困地区公益性水利工程维修养护补助资金的管理，提高了资金使用效益。在国家政策扶持下，2013 年，中部地区水库数量达到这一时期的最高值，西部地区水库数量首次超过东部地区，并一直保持微弱领先优势。从水库库容量来看，中部地区库容量最大，东、西部地区较小。2005—2014 年，东、中、西部三个地区的水库容量逐年平稳上升，西部地区的水库容量基数较小，2013 年以前一直落后于东部和中部地区。随着国家西部大开发战略实施，国家出台一系列政策加强了对西部地区农田水利设施的投

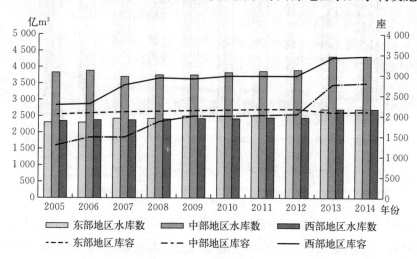

图 3-2　2005—2014 年东中西部地区水库数及库容

资料来源：根据《中国统计年鉴》（2006—2015 年）统计数据整理而得。

资力度，西部地区水库容量有了明显的增长，2013年首次超过东部地区并保持一定领先优势。目前，我国水库容量保持"中部地区最大，西部地区次之，东部地区最小"的格局。

由图3-3可以看出，2005—2014年，西部地区水土流失治理面积呈稳定上升趋势，东部和中部地区水土流失治理面积在2012年达到了这一时期的最高点，而后出现下降趋势。这一时期，西部地区的水土流失治理面积一直处于三者中较高水平，其次为中部地区，最后是东部地区。随着国家出台一系列政策重视耕地保护和土壤改良，不断加强生态建设，西部地区水土流失治理面积持续稳定增长，东部、中部地区水土流失治理面积于2012年达到峰值，分别为 2 518.8 万 hm² 和 3 315.7 万 hm²。截至2014年，西部水土流失治理面积为 5 822.9 万 hm²，中部地区为 3 006.5 万 hm²，东部地区为 2 331.4 万 hm²。各地区水土流失治理面积不断增长的同时，从一个侧面反映出，我国水土流失现象严重。据第一次全国水利普查结果，我国每年因水土流失损失耕地 100 万亩，水土流失面积占国土总面积的 30%。

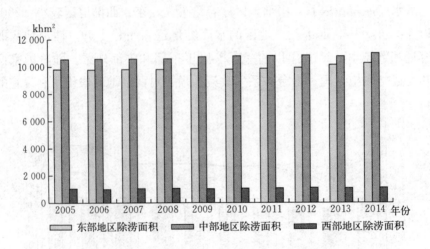

图 3-3　2005—2014 年东中西部地区除涝面积

资料来源：根据《中国统计年鉴》（2006—2015 年）统计数据整理而得。

由图3-4可以看出，东部地区和中部地区的除涝面积差异不大，中部地区略高于东部地区，但西部地区的除涝面积是三者之间最少的，并且远低于中、东部地区。2005—2014 年，东、中、西部三个地区除涝面积呈现平稳增长的趋势，而东部地区和中部地区的除涝面积大，西部地区的除涝面积少的格局一直没有发生变化。出现这一情况的原因与季风气候有关，东部地区和中部地区大都处于湿润与半湿润地区，雨量充沛，形成涝灾的覆盖面较大，而西部地区多为干旱与半干旱地区，雨量稀少，不易形成涝灾。此外还可以看出，除涝治理规模还很有限，从侧面反映出我国需加强建设具有除涝功能的农田水利设施，最终达到提高土地资源利用效率，减少土地污染与废弃的目的。

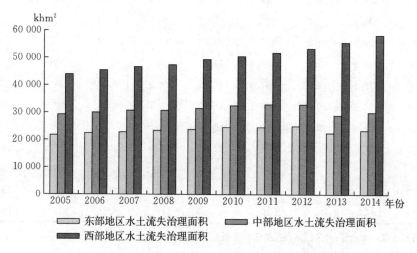

图 3-4　2005—2014 年东中西部地区水土流失治理面积

资料来源：根据《中国统计年鉴》（2006—2015 年）统计数据整理而得。

3.2.3　农田水利设施供给的结构差异

我国农田水利基础设施建设主要体现在防洪工程、水资源工程、水土保持及生态环境保护、水电及专项工程设备投资四个方面，尤其侧重防洪工程和水资源工程投资。由表 3-2 可知，2002—2014 年，农田水利基础设施建设的总投资额及各分项投资额均保持了较快的增长速度，但这四个方面的建设投资存在较大差异。防洪工程和水资源工程建设投资额稳定在总投资额的 70%～80%，水电及专项工程设备和水土保持及生态环境保护投资的比重偏低。

2002—2014 年，以大江大河治理为主的防洪工程建设一直是水利基础设施建设的重点，其投资额虽未能逐年上升，并在 2006 年触底以后迅速回升，从 2002 年的 481.2 亿元上升到 2014 年的 1 522.6 亿元，增加幅度很大，

表3-2 我国历年水利建设投资结构

单位：亿元、％

年份	防洪工程		水资源工程		水土保持及生态保护		水电及专项工程设备	
	投资额	比重	投资额	比重	投资额	比重	投资额	比重
2002	481.2	58.74	247.5	30.21	25.7	3.14	64.8	7.91
2003	360	48.42	236	31.74	46	6.19	101.5	13.65
2004	366.9	46.83	218.3	27.86	58.7	7.49	139.6	17.82
2005	292.8	39.21	223.1	29.87	39.2	5.25	191.7	25.67
2006	288.1	36.29	317.7	40.20	42.2	5.32	145.8	18.37
2007	318.5	33.71	405.1	42.87	60.3	6.38	161	17.04
2008	370.1	34.01	467.8	42.99	76.9	7.07	173.4	15.93
2009	674.8	35.63	866	45.72	86.7	4.58	266.5	14.07
2010	684.6	29.51	1 070.5	46.14	85.9	3.7	478.9	20.64
2011	1 018.3	33	1 284.1	41.61	95.4	3.09	688.2	22.3
2012	1 426	36	1 911.6	48.22	118.1	2.98	508.6	12.83
2013	1 335.8	35.5	1 733.1	46.12	102.9	2.74	585.8	15.6
2014	1 522.6	37.3	1 852.2	45.36	141.3	3.46	567.1	13.9

资料来源：水利部：《全国水利发展统计公报》（2002—2014）。

但其占总投资的比重却由最初的58.74％下降到37.3％。2001年，受局部暴雨影响，西江干流上游、郁江、云南南丁河、大汶河等河流发生了较为严重的洪涝灾害，广西、广东、福建、山东、四川等省份受灾严重。2002年国家加大了以大江大河堤防为重点的防洪体系建设力度，一批"十五"重点水利工程建设开始实施，故2002年的防洪工程投资高于2003—2008年。2008—2013年的中央1号文件均明确提出要把水利设施建设作为重点工作任务，因此，2008—2014年的防洪工程建设投资急剧增加，随即水资源工程、水土保持及生态环境保护、水电及专项工程设备投资方面的扶持力度也不断加大。伴随南水北调工程的实施，水资源工程在水利基础设施建设中的地位逐步提升，投资额不断增加。从2002年的247.5亿元增加到2014年的1 852.2亿元，增加了1 604.7亿元，2006—2014年，其在总投资中的比重一直维持在40％以上。随着"三农"问题受到越来越广泛的关注，国家在与农民、农村及农业关系密切的水电及专项工程设备方面投资力度逐渐加大。水电及专项工程设备投资额在2008年以后大幅提高，其投资额及占总投资的比重在 2011 年达到峰值后有所下降。近几年，水土保持及生态环境保护越来越受到重视，国家虽然不断加大对其投资力度，但增长速度远低于其余三者。水土保持及生态保护建设主要集中在长江上游、黄河上中游、黑河流域及西南石漠化地区。水土流失综合治理面积由 2002 年的 85.41 万 km² 增加到 2014 年的 111.6 万 km²，增加了 26.19 万 km²，治理效果有待提高。

由表 3-3 可知，2002—2014 年，我国水库建设取得了较大发展，大、中、小型水库数量及其库容持续增长。2002—2014 年，大型水利的数量从 445 座增加到 697 座，中型水库数量从 2 781 座增加到 3 799 座，小型水库数量从 82 062 座增加到 93 239 座。在大、中、小型水库的数量持续增长且小型水库数量增幅最大的背景下，大、中、小型水库的数量比重基本稳定。在库容方面，大型水库的库容比重保持在 70% 以上，并呈现上升的趋势，中、小型水库的库容比重下降趋势明显。从一个侧面反映出，我国在建设大型水库时的库容规模加大，而中、小型水库的库容规模减小。中、小型水库数量的增加与我国不断加大发展小型农田水利设施有关，库容规模的减少也符合我国农业传统的精耕细作作业方式，而库容规模的减小也从侧面反映出我国中、小型水库存在不同程度的病险问题。在调研中发现，约 40% 的中、小型水库存在隐患，这些存在问题的水库大多建于 20 世纪 50—70 年代，受当时的技术条件和经济水平制约，水库的建设水平与质量不高。几十年的运行损耗，加上管理维护不到位，导致这些水库现在出现了不同程度的隐患。

表 3-3　各类水库数量及其库容

单位：座、亿 m³

年份	大型水库数	中型水库数	小型水库数	大型水库库容	中型水库库容	小型水库库容
2002	445	2 781	82 062	4 229	767	597
2003	453	2 827	81 873	4 278	783	597
2004	460	2 869	81 831	4 147	796	599
2005	470	2 934	81 704	4 197	826	602
2006	482	3 000	82 367	4 379	852	611
2007	493	3 110	81 809	4 836	883	625
2008	529	3 181	82 643	5 386	910	628

（续）

年份	大型水库数	中型水库数	小型水库数	大型水库库容	中型水库库容	小型水库库容
2009	544	3 259	83 348	5 506	921	636
2010	552	3 269	84 052	5 594	930	638
2011	567	3 346	84 692	5 602	954	645
2012	683	3 758	93 102	6 493	1 064	698
2013	687	3 774	93 260	6 529	1 070	699
2014	697	3 799	93 239	6 617	1 075	702

注：大型水库库容：1亿立方米以上；中型水库库容：1 000万至1亿 m³；小型水库库容：10万至 1 000万 m³。数据来源于《中国统计年鉴》（2003—2015）。

3.3 农户收入差异测算

度量收入差异的指标主要包括基尼系数、泰尔指数、人口收入份额、变异系数以及贫困指数等，结合本研究需要，选择基尼系数、泰尔指数、最富有40％人口所占总收入的份额三个指标进行分析并测算农户收入差异。测算农户收入差异所需数据来源于2014年7—8月实地问卷调查，根据宁夏、陕西与河南三个省（自治区）180个村庄1 456位农户的农业收入测算180个村庄内部农户之间的农业收入差异。

3.3.1 基尼系数

就衡量收入差异而言，我们最常用的就是基尼系数。从1921年基尼系数第一次出现到现在已经有900多年的历史，对基尼系数的研究和分析已经形成一套很成熟的方法并积累了大量相关的文献。对基尼系数的测量主要有三种方法：几何法、协方差法以及矩阵法。

1. 几何法

几何法主要是根据洛伦兹曲线对基尼系数进行几何描述，以人口的累积百分比由低到高作为横坐标，以收入的累计百分比由低到高作为纵坐标。Sen（1973）定义基尼系数的公式为：

$$G = \frac{n+1}{n} - \frac{2}{n^2 \mu_y} \sum_{i=1}^{n} (n+1-i) y_i$$

其中，n 代表人口数；μ_y 代表平均收入；y_i 代表第 i 个人的收入。

2. 协方差法

协方差法相对于几何法计算更为简单。在收入离散分配的前提下，Anand（1983）得出基尼系数的计算公式为：

$$G = \frac{2\mathrm{cov}(y_i, i)}{n\mu_y}$$

则基尼系数可以等价为：

$$G = \frac{2}{n^2\mu_y}\sum_{i=1}^{n}\left(iy_i - \frac{n+1}{n}\right)$$

其中，n 代表人口数；μ_y 代表平均收入；y_i 代表第 i 个人的收入。这种方法的优势在于通过使用统计软件中自带的协方差程序计算过程可以大大简化。

3. 矩阵法

Silber（1989）提出了另外一种计算基尼系数的方法。经过 Sen（1973）、Donaldson 与 Weymark（1980）对基尼系数计算的研究，Gini 系数最初计算公式为：

$$G = \frac{n+1}{n} - \frac{2}{n^2\mu_y}\sum_{i=1}^{n}(n+1-i)y_i$$

$$G = \sum_{i=1}^{n}S_i\left[\frac{1}{n}(i-1) - \frac{1}{n}(n-i)\right], \quad y_1 \leqslant y_2 \leqslant \cdots y_n$$

根据 $\frac{1}{n}(i-1)$ 代表低于个人 i 收入的人数占总人数的比重，$\frac{1}{n}(n-i)$ 代表高于个人 i 收入的人数占总人数的比重（Berrebi, Z. M.；Silber，1985）。

衡量不平等原理的基尼系数的定义可以表示为：

$$G = \sum_{j=1}^{n}S_j\left[\frac{1}{n}(n-j) - \frac{1}{n}(j-1)\right], \quad y_1 \geqslant y_2 \geqslant \cdots y_n$$

其中，S_j 表示收入排名第 j 的个人所拥有的收入占总收入的比重 $\left(S_i = \frac{y_i}{n\bar{y}}\right)$。上述公式被证明（Xu，Kuan，2004）可以转化为：

$$G = \sum_{i=1}^{n}S_i\left[\sum_{j\geqslant i}^{n}\frac{1}{n} - \sum_{j\leqslant i}^{n}\frac{1}{n}\right]$$

以矩阵的形式可以表示为：

$$G=e'GS_i$$

综上所述，本研究采用协方差法测算农户收入差异，结果如表 3-4 所示。

表 3-4 农户收入差异基尼系数测算结果

陕西		河南		宁夏	
村庄	基尼系数	村庄	基尼系数	村庄	基尼系数
河底	0.377	大王寨	0.176	高庄	0.218
年家庄	0.238	闫楼	0.149	新村	0.257
枣林	0.442	果园	0.217	惠威	0.104
田家寨	0.353	芦村	0.334	幸福1	0.515
黄家坡	0.233	火张	0.436	新桥	0.153
上庙	0.415	马尾	0.139	交济	0.542
石龙庙	0.538	崔楼	0.238	红旗	0.243
斜谷	0.514	黄庄	0.165	金桥	0.422
曲兴	0.519	杜良	0.189	永光	0.324
南寨	0.514	李寨	0.358	双渠	0.367
五坳	0.381	田庄	0.350	裕民	0.309
醋家塬	0.324	余园	0.273	东永惠	0.257
张赵	0.504	金箔杨	0.251	邵家桥	0.300
第五	0.351	华阳寺	0.225	头闸	0.121
杨千户	0.298	大高庙	0.274	大兴墩	0.375
新河	0.428	魏寨	0.196	徐家桥	0.373
营头	0.153	薄店	0.244	周城	0.412
第二坡	0.583	蒋洼	0.301	姚伏	0.559
和平	0.361	兴隆2	0.217	上桥	0.223
黄家	0.450	杨寨	0.318	永胜	0.297
庄镇	0.233	东马目	0.370	沙庙	0.423
新合	0.176	水驿	0.259	大坝	0.203
盖村	0.159	西马目	0.335	陈俊	0.340
西仁	0.391	西关	0.242	蒋东	0.764
到贤	0.329	管寨	0.272	蒋南	0.243
桥南	0.126	白云山	0.212	银光	0.183
大樊	0.206	三义寨东	0.245	蒋西	0.294
齐村	0.092	贾堂	0.318	新民1	0.417
董村	0.133	河渠	0.159	朝阳	0.234
南陵	0.067	傅楼	0.267	蒯桥	0.298
北耕	0.244	王玉堂	0.407	邵西	0.264

（续）

陕西		河南		宁夏	
村庄	基尼系数	村庄	基尼系数	村庄	基尼系数
大岗	0.242	高寺	0.328	下桥	0.192
丈八	0.160	宋庄	0.233	邵北	0.287
臧村	0.321	肖庄	0.455	邵刚	0.245
五里墩	0.244	茨蓬	0.184	邵南	0.215
三合	0.185	董庄	0.341	联丰	0.246
太平	0.101	汤坟	0.372	正闸	0.240
纳衣	0.293	三合庄	0.241	地三	0.301
南董	0.357	台棚	0.330	光明	0.205
军寨	0.270	仪封	0.201	盛庄	0.298
榆村	0.297	耿村	0.174	新民2	0.257
王都	0.261	朱留固	0.282	五渠	0.246
云里坊	0.404	小李庄	0.178	桂文	0.390
陈迪	0.094	后寨	0.243	团结	0.405
东兴	0.446	李四河	0.266	新华	0.287
土洞	0.377	车营	0.340	金鑫	0.290
东刘	0.459	三合营	0.297	洪西	0.154
兴隆1	0.447	大黑岗	0.248	金沙	0.774
北宁	0.523	老庄	0.126	洪北	0.565
沿村	0.431	毛寨	0.534	洪广	0.205
大张寨	0.348	石楼	0.163	金贵	0.271
张则	0.279	孙马台	0.118	关渠	0.727
白鸽	0.158	阎小寨	0.294	联星	0.167
帝尧	0.272	前小寨	0.235	汉佐	0.306
王上	0.375	岗范	0.195	雄英	0.273
新寨	0.250	大辛庄	0.295	清水	0.447
菜园	0.385	庞店	0.099	幸福2	0.449
堡里	0.261	南常岗	0.360	兰丰	0.427
小沼高	0.366	前盘丘	0.316	民乐	0.500
尧都	0.295	孙村	0.242	银星	0.383

3.3.2　泰尔指数

作为衡量收入差异的方法，泰尔指数相对基尼系数来说，从提出到应用的时间较短。Henri Theil 认为泰尔系数就是把作为事前概率的人口比例转化为事后概率的收入比例，从间接信息当中获取有用内容的方法。泰尔系数核心是通过对各组收入与人口的份额的比值求对数，再进行加权求和来比较收入在人口中的分配结构，对应的计算公式如下：

$$T = \sum_{j=1}^{n} \left(y_j \ln\left(\frac{y_j}{n_j}\right) \right)$$

其中，T 表示泰尔指数；y_j 表示第 j 个家庭收入占总收入的比重；n_j 表示第 j 个家庭人口占总人口的比重。

采用泰尔指数测算农户收入差异，结果如表 3-5 所示。

表 3-5　农户收入差异泰尔系数测算结果

陕西		河南		宁夏	
村庄	泰尔指数	村庄	泰尔指数	村庄	泰尔指数
河底	0.243	大王寨	0.055	高庄	0.078
年家庄	0.097	闫楼	0.036	新村	0.128
枣林	0.329	果园	0.099	惠威	0.018
田家寨	0.216	芦村	0.191	幸福1	0.530
黄家坡	0.093	火张	0.388	新桥	0.038
上庙	0.318	马尾	0.037	交济	0.613
石龙庙	0.538	崔楼	0.137	红旗	0.108
斜谷	0.479	黄庄	0.049	金桥	0.315
曲兴	0.462	杜良	0.060	永光	0.180
南寨	0.459	李寨	0.224	双渠	0.231
五坳	0.242	田庄	0.211	裕民	0.200
醋家塬	0.180	余园	0.146	东永惠	0.116
张赵	0.442	金箔杨	0.100	邵家桥	0.150
第五	0.213	华阳寺	0.080	头闸	0.023
杨千户	0.150	大高庙	0.122	大兴墩	0.233
新河	0.325	魏寨	0.104	徐家桥	0.235
营头	0.037	薄店	0.107	周城	0.294
第二坡	0.653	蒋洼	0.178	姚伏	0.558
和平	0.224	兴隆2	0.080	上桥	0.085
黄家	0.360	杨寨	0.198	永胜	0.183
庄镇	0.090	东马目	0.232	沙庙	0.313
新合	0.051	水驿	0.107	大坝	0.067
盖村	0.045	西马目	0.181	陈俊	0.205
西仁	0.256	西关	0.107	蒋东	1.310
到贤	0.203	管寨	0.123	蒋南	0.096

（续）

陕西		河南		宁夏	
村庄	泰尔指数	村庄	泰尔指数	村庄	泰尔指数
桥南	0.030	白云山	0.078	银光	0.059
大樊	0.082	三义寨东	0.096	蒋西	0.180
齐村	0.014	贾堂	0.200	新民1	0.290
董村	0.029	河渠	0.051	朝阳	0.092
南陵	0.007	傅楼	0.124	蒯桥	0.151
北耕	0.095	王玉堂	0.284	邵西	0.132
大岗	0.098	高寺	0.175	下桥	0.059
丈八	0.050	宋庄	0.093	邵北	0.141
臧村	0.172	肖庄	0.352	邵刚	0.095
五里墩	0.096	茨蓬	0.063	邵南	0.073
三合	0.053	董庄	0.217	联丰	0.105
太平	0.017	汤坟	0.230	正闸	0.094
纳衣	0.163	三合庄	0.108	地三	0.151
南董	0.218	台棚	0.181	光明	0.069
军寨	0.128	仪封	0.075	盛庄	0.164
榆村	0.147	耿村	0.051	新民2	0.109
王都	0.108	朱留固	0.149	五渠	0.106
云里坊	0.269	小李庄	0.074	桂文	0.261
陈迪	0.016	后寨	0.110	团结	0.337
东兴	0.401	李四河	0.118	新华	0.137
土洞	0.258	车营	0.219	金鑫	0.154
东刘	0.355	三合营	0.145	洪西	0.056
兴隆1	0.341	大黑岗	0.105	金沙	1.353
北宁	0.466	老庄	0.026	洪北	0.636
沿村	0.325	毛寨	0.649	洪广	0.089
大张寨	0.195	石楼	0.042	金贵	0.124
张则	0.128	孙马台	0.026	关渠	1.071
白鸽	0.042	阎小寨	0.154	联星	0.044
帝尧	0.120	前小寨	0.094	汉佐	0.173
王上	0.239	岗范	0.059	雄英	0.136
新寨	0.103	大辛庄	0.152	清水	0.376
菜园	0.246	庞店	0.016	幸福2	0.340
堡里	0.126	南常岗	0.208	兰丰	0.445
小沼高	0.222	前盘丘	0.175	民乐	0.558
尧都	0.149	孙村	0.098	银星	0.247

3.3.3 最富有40%人口收入份额

除基尼系数、泰尔指数之外，还有许多衡量收入不均等的方法。西蒙·库兹涅茨就提出过一种被称为"库兹涅茨比率"的方法——把各收入层的收入份额与人口份额之间差额的绝对值相加起来，然后再去除以人口数。其计算公式为：

$$R = \sum_{i=1}^{n} |y_i - P_i|, \ i = 1, 2, \cdots, n$$

其中，$y_1 + y_2 + \cdots + y_n = \sum_{i=1}^{n} y_i = 100$ 且 $P_1 + P_2 + \cdots + P_n = \sum_{i=1}^{n} P_i = 100$；$R$ 为库兹涅茨比率，y_i、P_i 分别表示各阶层的收入份额和人口比重。库兹涅茨比率越大，则表示收入差距越大；反之则越小。

库兹涅茨比率计算简单方便，比较适合用来反映群体内部的收入差距情况，尤其适合比较两个群体内部的收入差距情况。这种方法运用于规模收入分配时，所反映的不均等性要比基尼系数来得大些，因为它给最富阶层和最贫阶层的权数较大，中间阶层的权数较小。为了消除权数的不良影响，人们考虑用某些收入阶层的收入分配状况来反映社会收入分配的差距水平。其中主要是采用一定百分比的农户或者人口所占的收入份额作为指数来表示收入分配差距。

基于此，本研究采用村庄最富有40%人口收入份额测算农户收入差异，结果如表3-6所示。

表3-6　农户收入差异人口收入份额测算结果

陕西		河南		宁夏	
村庄	人口收入份额	村庄	人口收入份额	村庄	人口收入份额
河底	0.808	大王寨	0.649	高庄	0.729
年家庄	0.723	闫楼	0.617	新村	0.743
枣林	0.851	果园	0.754	惠威	0.630
田家寨	0.748	芦村	0.766	幸福1	0.741
黄家坡	0.643	火张	0.813	新桥	0.568
上庙	0.949	马尾	0.660	交济	0.782
石龙庙	0.922	崔楼	0.654	红旗	0.734
斜谷	0.912	黄庄	0.669	金桥	0.838

（续）

陕西		河南		宁夏	
村庄	人口收入份额	村庄	人口收入份额	村庄	人口收入份额
曲兴	0.865	杜良	0.660	永光	0.735
南寨	0.927	李寨	0.628	双渠	0.694
五埫	0.804	田庄	0.749	裕民	0.682
醋家塬	0.728	余园	0.684	东永惠	0.684
张赵	0.859	金箔杨	0.737	邵家桥	0.750
第五	0.771	华阳寺	0.646	头闸	0.660
杨千户	0.695	大高庙	0.684	大兴墩	0.836
新河	0.768	魏寨	0.655	徐家桥	0.760
营头	0.643	薄店	0.668	周城	0.734
第二坡	0.880	蒋洼	0.738	姚伏	0.883
和平	0.786	兴隆2	0.694	上桥	0.646
黄家	0.792	杨寨	0.973	永胜	0.734
庄镇	0.700	东马目	0.848	沙庙	0.780
新合	0.701	水驿	0.846	大坝	0.610
盖村	0.676	西马目	0.858	陈俊	0.698
西仁	0.763	西关	0.851	蒋东	0.944
到贤	0.744	管寨	0.719	蒋南	0.663
桥南	0.694	白云山	0.691	银光	0.657
大樊	0.605	三义寨东	0.697	蒋西	0.725
齐村	0.720	贾堂	0.688	新民1	0.756
董村	0.644	河渠	0.645	朝阳	0.670
南陵	0.547	傅楼	0.865	蒯桥	0.724
北耕	0.728	王玉堂	0.810	邵西	0.594
大岗	0.618	高寺	0.734	下桥	0.657
丈八	0.568	宋庄	0.633	邵北	0.802
臧村	0.683	肖庄	0.797	邵刚	0.742
五里墩	0.749	茨蓬	0.634	邵南	0.646
三合	0.629	董庄	0.872	联丰	0.833
太平	0.617	汤坟	0.792	正闸	0.615
纳衣	0.756	三合庄	0.672	地三	0.700
南董	0.738	台棚	0.643	光明	0.605

（续）

陕西		河南		宁夏	
村庄	人口收入份额	村庄	人口收入份额	村庄	人口收入份额
军寨	0.788	仪封	0.609	盛庄	0.763
榆村	0.687	耿村	0.626	新民 2	0.742
王都	0.746	朱留固	0.803	五渠	0.724
云里坊	0.836	小李庄	0.643	桂文	0.669
陈迪	0.650	后寨	0.610	团结	0.826
东兴	0.797	李四河	0.642	新华	0.638
土洞	0.827	车营	0.771	金鑫	0.773
东刘	0.893	三合营	0.703	洪西	0.663
兴隆 1	0.815	大黑岗	0.715	金沙	0.939
北宁	0.795	老庄	0.604	洪北	0.942
沿村	0.824	毛寨	0.781	洪广	0.702
大张寨	0.835	石楼	0.628	金贵	0.696
张则	0.680	孙马台	0.616	关渠	0.958
白鸽	0.662	阎小寨	0.769	联星	0.724
帝尧	0.680	前小寨	0.613	汉佐	0.760
王上	0.709	岗范	0.725	雄英	0.683
新寨	0.785	大辛庄	0.749	清水	0.801
菜园	0.841	庞店	0.605	幸福 2	0.779
堡里	0.693	南常岗	0.747	兰丰	0.797
小沼高	0.816	前盘丘	0.796	民乐	0.830
尧都	0.773	孙村	0.680	银星	0.811

综上所述，收入差异的各种度量指标具有不同的性质，并不完全可比。以最为常用的基尼系数为例，由于它与不同收入群体的收入比重和人口比重密切相关，因此易受到偶然因素的影响。比如，在总体样本收入相对平均的情况下，对个别收入户（特别是高收入农户）的收入波动十分敏感，以致造成收入差异过大的假象。而最富有 40％人口所占收入份额是以某一或某些阶层的收入份额的变动来反映收入差异变化，便于分层考察，但不能全面反映各个阶层收入的整体变动情况。鉴于衡量收入差异的各指标侧重点不同，借鉴前人测算收入差异的方法，本书在采用基尼系数衡量村庄内农户农业收

入差异的同时，采用泰尔指数和最富有 40％人口所占收入份额两个指标进行稳健性检验，旨在更全面地反映农户收入差异与农田水利设施供给效果之间的关系。

3.4　小结

本章对农田水利设施发展历程进行了归纳总结，从农田水利设施供给的规模、地区差异与结构差异三个方面阐述了我国农田水利设施供给现状；选择基尼系数、泰尔指数、最富有 40％人口所占总收入的份额三个指标进行分析并测算村庄内部农户之间的农业收入差异。

通过对农田水利设施发展历程分析总结，政府依然是农田水利设施供给不可或缺的主导力量，农田水利设施供给陷入停滞、低谷时期，甚至出现倒退现象，都与政府供给的缺失有关；从供给主体来看，农田水利设施供给呈现多元化格局，政府角色逐步淡化，民间供给日益增强。

从农田水利设施供给的规模来看，我国农田水利设施建设投资规模持续增加，年投资增加比例呈波浪式增长，投资以地方投资为主，中央投资为辅；从农田水利设施供给的地区差异来看，中部和东部地区农田水利建设明显好于西部地区，且中部地区发展迅速，西部地区的自然环境恶劣，山地较多，水资源匮乏，再加之历史遗留原因及经济发展水平不高，农田水利设施建设远落后于东部和中部地区；从农田水利设施供给的结构差异来看，我国农田水利设施建设重点为防洪工程和水资源工程建设，投资额稳定在总投资额的 70％～80％之间，水电及专项工程设备和水土保持及生态环境保护投资的比重偏低。

通过对基尼系数、泰尔指数、最富有 40％人口收入份额三个指标进行分析，发现度量收入差异的各指标侧重点并不完全可比。因此，本书在采用基尼系数衡量村庄内农户农业收入差异的同时，采用泰尔指数和最富有 40％人口所占收入份额两个指标进行稳健性检验，旨在更全面地反映农户收入差异与农田水利设施供给效果之间的关系。

第四章 ┈┈┈┈┈┈┈┈┈┈┈

农户收入差异视角下的农田水利
设施供给水平

在国家给予农田水利设施供给政策上的倾斜和资金上的大力支持的情况下，如何合理利用资金，有针对性地提高农田水利设施供给水平显得尤为重要。因此，本章首先构建管护能力、渠系建设、机井建设、配套设施建设 4个方面 11 个具体指标来评价农田水利设施供给水平；其次，采用因子分析法对农田水利设施供给水平相关指标进行量化分析，客观评价农田水利设施的供给水平，并进行比较分析；最后，采用 Tobit 模型探析农户收入差异等因素对农田水利设施供给水平的影响。

4.1 农田水利设施供给水平指标体系及评价方法

4.1.1 农田水利设施供给水平指标体系建立

4.1.1.1 指标设计的基本原则

建立一套相对完善、可以明确量化的指标是保证农田水利设施供给水平评价有效性的关键，直接影响到评价结果的可信度，农田水利设施供给水平评价指标的设计必须遵循以下原则。

（1）农田水利设施种类杂、规模小、数量多，具有较强的合作性与系统性，这些特性决定了农田水利设施供给是由多个方面组成的一个有机整体。因此，农田水利设施供给水平评价指标设计应从不同角度选择具有代表性的指标，能够从不同标准和尺度全面反映农田水利设施供给水平。

（2）农田水利设施供给水平评价指标之间可能存在相关关系，在挑选评价指标时，所选取的指标彼此之间应具有较强的独立性，消除可能存在的相关性。

（3）农田水利设施供给水平评价指标体系设计应按照指标的层次递进关

系反映指标间的总分关系，消除指标间的重复性，设计的指标能够从不同方面和层次反映农田水利设施供给水平的实际情况。

（4）农田水利设施供给水平评价指标设计应在现实中能够应用，选取的指标具有可操作性和经济性的特点，能够从统计资料或实地调研中获得需要的数据，否则，应剔除该指标。

（5）农田水利设施供给水平评价指标应保持统计口径与范围的一致性，保证评价指标提供的信息具有可比性，以便于对不同地区农田水利设施供给水平进行比较。

4.1.1.2　指标体系构建

相关学者对农田水利设施供给水平的定性研究较多，在前人研究的基础上设计合理的指标测度农田水利设施的供给水平，是进行定量分析的关键。我国地区间资源禀赋差异较大，农业生产方式也有很大区别，考虑到全国关于农田水利设施供给的数据很难取得，因此选取三个具有代表性的省份（河南、陕西、宁夏）进行抽样调查，获得各地区的农田水利设施供给水平的相关数据。

在遵循指标体系设计原则的基础上，通过综合相关研究并与有关专家及学者的讨论，构建管护能力、渠系建设、机井建设、配套设施建设4个方面11个具体指标来评价农田水利设施供给水平（表4-1）。

表4-1　农田水利设施供给水平指标体系

评价目标	一级指标	二级指标
农田水利设施供给水平	管护能力	X_1 水利管理者人数（人）
		X_2 设施完好百分比（％）
		X_3 水费收取率（％）
	机井建设	X_4 机井出水量（t）
		X_5 平均井深（m）
		X_6 机井数量（眼）
	渠系建设	X_7 干渠长度（km）
		X_8 支渠长度（km）
	配套设施建设	X_9 变压器数（个）
		X_{10} 集体水泵数（个）
		X_{11} 私人水泵数（个）

（1）管护能力。在管护能力方面，选取水利管理者人数、设施完好百分比及水费收取率这三个指标来反映农田水利设施管护状况。

（2）机井建设。在机井建设方面，选取机井出水量、平均井深和机井数量来反映机井建设的规模及其现代化程度。

（3）渠系建设。渠系建设是农田水利设施建设的重要组成部分，选取干渠长度与支渠长度来反映渠系建设的规模。

（4）配套设施建设。在配套设施建设方面，选取变压器个数、集体水泵数、私人水泵数来反映农田水利设施的完善性和市场化程度。

各指标的具体解释如下：

X_1：水利管理者人数＝以村为单位的基层农田水利管理者人数

X_2：设施完好百分比（％）＝无损坏设施占总设施的比重

X_3：水费收取率（％）＝已收取的水费占应收水费的比重

X_4：机井平均出水量＝现有机井出水量的平均值

X_5：平均井深＝现有机井深度的平均值

X_6：机井数量＝现有机井的数量

X_7：干渠长度＝已修建干渠的实际长度

X_8：支渠长度＝已修建支渠的实际长度

X_9：变压器数＝可用于灌溉所用的变压器数量

X_{10}：集体水泵数＝属于集体所有的水泵数量

X_{11}：私人水泵数＝属于私人所有的水泵数量

4.1.1.3　问卷设计与调查提问

获得调研数据是量化分析所要研究问题的前提，良好的问卷设计能够准确获得所需相关数据资料，完成问卷的设计是获得调研数据的第一步。在此基础上选择样本进行问卷调查也是关键的环节，根据所研究问题在确定的调研地区采取随机抽样的方法进行调查。

在完成以上工作之后，就进入了最后一个环节——调查提问。在提问过程中必须注意以下几个方面：①确保调研对象能够清楚研究者问的具体是什么，避免不清楚含糊的回答。②提问应简单明确，避免一次提问涵盖多个问题以及带有倾向性的提问。③针对开放性的问题，采用"一对一"深度访谈的形式完成；封闭性的问题应保证答案的穷尽性与互斥性。

4.1.2　农田水利设施供给水平的评价方法

在农田水利设施供给水平多指标评价中，通过确定各指标权重的赋值，选择合适的模型进行分析。

对指标权重的赋值有主观赋权评价法和客观赋权评价法两种。层次分析法、模糊评价法等主观赋权评价法是根据专家的判断或经验对指标的重要性评分，通过一定的方法计算得出权重，然后对指标进行综合评价。主观赋权评价法操作简单，但是受主观因素的影响较大，对评价结果的准确性产生影响。熵值法、因子分析法等客观赋权评价法根据各指标提供的原始信息，综合各指标间的相关系数和变异系数确定权重，进而进行综合评价。相较主观赋权评价法，它可以消除主观因素的影响，评价结果的准确性和可信度更高，同时，数据和指标越多，计算的工作量也会越大。

近年来，相关学者对农村公共产品供给评价指标体系构建进行了大量研究。王俊霞、王静（2008）从公共管理、社会服务、经济发展三个方面构建指标体系，指标权重的确定建立在专家对指标重要性打分的基础上，进而采用层次分析法确定。组合赋值法求权重不受被评价对象具体指标值的影响，在农村公共产品供给水平的评价中得到应用（王俊霞、张玉、鄢哲明等，2013）。吴虹（2010）对高校教师教学质量进行评价时，首先根据专家评价确定各评价因素的权值，在此基础上构建模糊评判矩阵进行多层复合运算。被评价对象指标较多时，采用因子分析法能够科学实现降维处理，因此在各领域的能力及水平评价中被越来越多地运用。吴丹、朱玉春（2011）从基础设施、公共卫生、文化教育、社会保障4个方面构建农村公共产品的供给能力评价体系，采用因子分析法对我国31个省份进行实证测算。王蕾（2014）采用因子分析法，从4个方面选取12个指标来评价农田水利设施供给水平。

在比较不同研究方法的利弊并综合相关学者研究的基础上，本书采用因子分析法对农田水利设施的供给水平相关指标进行量化分析，计算农田水利设施供给水平相关指标的量化值。在提取公共因子及分析的基础上，根据公共因子的权重及各指标在相对应公共因子下面的载荷值，对各公共因子的因子得分值进行加总，得到所调查村庄的农田水利设施供给水平的综合得分与排名。

1. 指标标准化处理

由于各指标的数据属于不同计量单位和数量级，不能直接进行综合分析，本书选择标准化处理法对数据进行标准化转变，消除原始数据不同量纲影响。

设评价指标体系的初始矩阵为：

$X=[x_{ij}]_{n \times p}$，其中，$i=1, 2, \cdots, n$，n 为样本点数；$j=1, 2, \cdots, p$，p 为样本原变量数目，进行无量纲化处理后的评价体系矩阵为 $Y=[y_{ij}]_{n \times p}$。

标准化公式为：

$$y_i = \frac{x_i - \overline{x}}{s}$$

其中，$\overline{x} = \frac{1}{n} \sum_{i=1}^{n} x_i$，$s = \sqrt{\frac{1}{n-1}} \sqrt{\sum_{i=1}^{n} (x_i - \overline{x})^2}$

2. 构造因子分析模型

设有 n 个原始变量，表示 $x_1, x_2, \cdots, x_n$，根据因子分析的要求，这些变量已经标准化（即均值为 0，标准差为 1），假设 n 个变量可以由 k 个因子 $f_1, f_2, \cdots, f_k$ 表示为线性组合。通过分析变量的相关系数矩阵的内部结构，选取能够控制原始变量并尽可能包含更多的原始变量信息的几个因子 $f_1, f_2, \cdots, f_k$，建立因子分析模型，利用公因子 $f_1, f_2, \cdots, f_k$ 再现原始变量间的关系，达到简化变量、降维及对原始变量在解释及命名的目的。数学公式如下：

$$x_1 = a_{11} f_1 + a_{12} f_2 + \cdots + a_{1k} f_k + \varepsilon_1$$
$$x_2 = a_{21} f_1 + a_{22} f_2 + \cdots + a_{2k} f_k + \varepsilon_2$$
$$\cdots\cdots$$
$$x_n = a_{n1} f_1 + a_{n2} f_2 + \cdots + a_{nk} f_k + \varepsilon_n$$

利用矩阵形式可表示为 $X=AF+\varepsilon$。其中，X 为标准化后的新变量；F 为公因子；矩阵 A 为因子载荷矩阵，其元素 a_{ij} 称为因子载荷；ε 为特殊因子，表示原始变量中不能有因子解释的部分。

3. 选取因子变量

根据特征值大于 1 的原则选择选取公共因子变量，因子的累计方差贡献率为 $\sum_{i=1}^{m} \lambda_i \left(\sum_{i=1}^{p} \lambda_i \right)^{-1}$，并由 $w_i = \lambda_i \left(\sum_{i=1}^{m} \lambda_i \right)^{-1}$ 确定权重值。

4. 测算因子得分

根据公因子的得分和权重，可以得到第 i 个样本的综合评价值：$\theta_i = \sum w_i F_i$，即第 i 个样本的农田水利设施供给水平的量化值。

4.2　农田水利设施供给水平综合评价

4.2.1　农田水利设施供给水平评价的数据来源及样本描述

1. 农田水利设施供给水平评价的数据来源

本书数据来源于 2014 年 7—8 月实地问卷调查及与村委会主任等相关人员的访谈。此次调查范围涉及河南、宁夏、陕西 3 个省（自治区）9 个市（县）180 个村庄 1 456 户农户。调研采取随机走访的方式进行，分别走访了 3 省、区经济发达、中等和落后的 9 个市（县），每个市（县）按照经济发展水平随机抽取 4 个乡镇，每个乡镇随机选取 5 个自然村，通过采访本村的村干部或水利管理者完成村级问卷。

2. 农田水利设施供给水平评价的样本描述

在农田水利设施供给水平评价中选择村级问卷所涉及的数据。选择的村庄样本中，村庄距县城的距离差异较大，最近的为 1 km，最远的为 35 km，平均距离为 14.16 km。在 180 个村庄样本中，67 个为示范基地，包括水果种植示范基地、蔬菜种植示范基地、枸杞种植示范基地等。有小型农田水利设施重点建设项目的村庄有 143 个，占总体的 79.44%。基尼系数最小值为 0.064，最大值为 0.716，均值为 0.32，表明农业收入差距存在较大区别。如表 4-2 所示。

表 4-2　村庄样本的基本情况

统计指标	极小值	极大值	均值	标准差	频数	比例%
距县城距离（km）	1	35	14.16	6.78		
是否为示范基地	0	1	0.37	0.48		
是					67	37.22
否					113	62.78
是否有小农水重点项目	0	1	0.79	0.41		
是					143	79.44
否					37	20.56
农业收入差距	0.064	0.716	0.32	0.13		

4.2.2 农田水利设施供给水平评价结果分析

4.2.2.1 因子分析检验

本章通过对各指标进行探索性因子分析，判断样本数据是否适合进行因子分析。KMO值和Bartlett球形检验法是判断是否适合做因子分析的两个统计值。一般认为，KMO值在0.5～1.0之间是适合做因子分析的，低于0.5则不适合。Bartlett球形检验以原有的变量的相关系数矩阵为出发点，其检验统计值根据相关系数矩阵的行列式计算得到。若该统计量的观测量比较大，且对应的概率 P 值小于给定的显著性水平 α，则原有变量适合做因子分析。通常认为Bartlett球形检验的卡方统计量显著性概率小于0.05。

在进行因子分析前，首先对数据进行KMO检验和Bartlett球形检验，KMO值为0.631，Bartlett球形检验的伴随概率为0.000，小于显著性水平0.05，可见数据均通过了KMO检验和Bartlett球形检验，适合做因子分析，见表4－3。

表4－3　KMO和Bartlett球形检验结果

KMO检验		0.631
Bartlett球形检验	卡方值	566.022
	自由度	78.000
	p值	0.000

4.2.2.2 农田水利设施供给水平评价的因子分析

对农田水利设施供给水平的评价指标进行因子分析，根据特征值大于1的原则，选取了4个公共因子，其累计方差贡献率为69.88%（表4－4）。同时，从碎石图也可清楚地看到，大于特征值1的因子共有4个（图4－1）。由于初始载荷矩阵结构不够清楚，不便于对因子进行解释和命名，因此，本书通过运用方差最大正交旋转法对因子载荷矩阵进行旋转，得到因子载荷矩阵（表4－5），旋转后的因子载荷能更好地反映出因子变量和原变量（4个公共因子和11个农田水利设施供给水平评价指标）的关系，载荷值越大则公共因子与指标的关系越密切。

表4-4　矩阵特征值与累计贡献率

成分	特征值	贡献率 %	累积贡献率 %
1	3.527	28.846	28.846
2	1.785	16.732	45.578
3	1.225	12.988	58.566
4	1.150	11.317	69.883
5	0.948		
6	0.794		
7	0.705		
8	0.522		
9	0.213		
10	0.131		
11	5.390E-16		

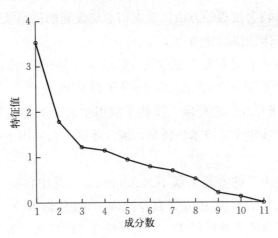

图4-1　碎石图

表4-5　旋转后因子载荷矩阵

指标	成分			
	1	2	3	4
X_1 水利管理者人数	-0.061	0.039	0.781	0.161
X_2 设施完好百分比	0.159	-0.139	0.448	-0.092
X_3 水费收取率	-0.086	0.398	0.275	0.439

（续）

指标	成分			
	1	2	3	4
X_4 机井出水量	0.019	0.881	−0.175	0.109
X_5 平均井深	−0.150	0.915	−0.076	−0.098
X_6 机井数	0.906	−0.006	0.131	0.226
X_7 干渠长度	0.655	−0.169	−0.066	−0.120
X_8 支渠长度	0.899	0.003	0.216	−0.109
X_9 变压器数	0.342	−0.119	0.621	−0.286
X_{10} 集体水泵数	0.968	−0.040	0.162	−0.081
X_{11} 私人水泵数	−0.008	−0.054	−0.160	0.911

第一个公共因子的方差贡献率达到了 28.846%，是 4 个因子中贡献率最大的因子，可见它是评价农田水利设施供给水平的重要指标。干渠长度 X_7、支渠长度 X_8、机井数 X_6 和集体水泵数 X_{10} 这 4 个变量的因子载荷值较大，这些指标从较为宏观的方面反映农田水利设施的供给状况，因此将该公因子命名为"基础性供给能力因子"。

第二个公共因子的方差贡献率为 16.732%，在这一公共因子中机井平均出水量 X_4 和机井平均深度 X_5 的因子载荷值较大，分别为 0.881 和 0.915，这两个指标在一定程度上反映了农田水利设施建设的技术水平，代表了农田水利设施建设的技术性特征，因此将这一公共因子命名为"技术性供给能力因子"。

第三个公共因子的方差贡献率为 12.988%，其中包括三个指标，分别为水利管理者人数 X_1、设施完好百分比 X_2 和变压器数 X_9。水利管理者人数、设施完好百分比及变压器这三个指标反映了农田水利设施建设的保障能力，具有保障灌溉顺利进行的特征，故命名为"保障性供给能力因子"。

第四个公共因子的方差贡献率为 11.317%，水费收取率 X_3 和私人水泵数 X_{11} 的因子载荷较大，水费收取率反映了农田水利设施供给的市场化程度，而私人水泵数量从侧面体现了民间资本参与的非政府供给情况，因此将此公共因子命名为"社会性供给能力因子"。

$$F_1 = -0.061X_1 + 0.159X_2 - 0.086X_3 + 0.019X_4 - 0.150X_5 + 0.655X_6 + 0.899X_7 + 0.342X_8 + 0.906X_9 + 0.968X_{10} + 0.008X_{11}$$

$$F_2=0.039X_1-0.139X_2+0.398X_3+0.881X_4+0.915X_5-0.169X_6+$$
$$0.003X_7-0.119X_8-0.006X_9-0.040X_{10}-0.054X_{11}$$
$$F_3=0.781X_1+0.448X_2+0.275X_3-0.175X_4-0.076X_5-0.066X_6+$$
$$0.216X_7+0.621X_8+0.131X_9+0.162X_{10}+0.162X_{11}$$
$$F_4=0.161X_1-0.092X_2+0.439X_3+0.109X_4-0.098X_5-0.120X_6-$$
$$0.109X_7-0.286X_8+0.226X_9-0.081X_{10}+0.911X_{11}$$

根据旋转后的各公共因子方差贡献率占提取公共因子累计方差贡献率的比重取得公共因子的权重。计算公式为:

$$F=0.413F_1+0.239F_2+0.186F_3+0.162F_4$$

在以上提取公因子的基础上,根据公因子的得分及权重,对各公因子的因子得分值进行加总,得到所调查村庄的农田水利设施供给水平的综合得分和排名,根据三个省(自治区)的综合得分情况,计算得出农田水利设施的供给水平总体得分(表4-6)。

表4-6　农田水利设施供给水平的综合评价结果

省	市	县	镇	村名	村得分	村排名	镇得分	县得分	省得分
陕西	宝鸡	眉县	金渠	河底	0.354	23	0.102	-0.043	-0.010
陕西	宝鸡	眉县	金渠	年家庄	-0.160	107			
陕西	宝鸡	眉县	金渠	枣林	-0.256	127			
陕西	宝鸡	眉县	金渠	田家寨	0.390	21			
陕西	宝鸡	眉县	金渠	黄家坡	0.183	47			
陕西	宝鸡	眉县	齐镇	上庙	0.045	70	-0.085		
陕西	宝鸡	眉县	齐镇	石龙庙	-0.275	130			
陕西	宝鸡	眉县	齐镇	斜谷	-0.093	93			
陕西	宝鸡	眉县	齐镇	曲兴	0.086	63			
陕西	宝鸡	眉县	齐镇	南寨	-0.189	116			
陕西	宝鸡	眉县	首善	五坳	-0.010	81	0.032		
陕西	宝鸡	眉县	首善	醋家塬	-0.105	98			
陕西	宝鸡	眉县	首善	张赵	0.000	80			
陕西	宝鸡	眉县	首善	第五	0.074	66			
陕西	宝鸡	眉县	首善	杨千户	0.199	39			
陕西	宝鸡	眉县	营头	新河	0.120	57	-0.219		

（续）

省	市	县	镇	村名	村得分	村排名	镇得分	县得分	省得分
陕西	宝鸡	眉县	营头	营头	−0.573	167			
陕西	宝鸡	眉县	营头	第二坡	−0.099	95			
陕西	宝鸡	眉县	营头	和平	−0.575	168			
陕西	宝鸡	眉县	营头	黄家	0.032	74			
陕西	渭南	富平	到贤	庄镇	0.118	58	0.071	0.083	
陕西	渭南	富平	到贤	新合	−0.058	87			
陕西	渭南	富平	到贤	盖村	−0.164	108			
陕西	渭南	富平	到贤	西仁	0.009	77			
陕西	渭南	富平	到贤	到贤	0.450	19			
陕西	渭南	富平	宫里	桥南	−0.169	113	−0.012		
陕西	渭南	富平	宫里	大樊	−0.127	101			
陕西	渭南	富平	宫里	齐村	0.082	64			
陕西	渭南	富平	宫里	董村	0.222	35			
陕西	渭南	富平	宫里	南陵	−0.069	90			
陕西	渭南	富平	流曲	北耕	0.304	27	0.116		
陕西	渭南	富平	流曲	大岗	0.280	28			
陕西	渭南	富平	流曲	丈八	0.056	69			
陕西	渭南	富平	流曲	臧村	0.226	33			
陕西	渭南	富平	流曲	五里墩	−0.289	135			
陕西	渭南	富平	王寮	三合	0.006	78	0.159		
陕西	渭南	富平	王寮	太平	0.110	59			
陕西	渭南	富平	王寮	纳衣	0.504	18			
陕西	渭南	富平	王寮	南董	0.042	72			
陕西	渭南	富平	王寮	军寨	0.135	53			
陕西	咸阳	礼泉	史德	榆村	0.044	71	−0.103	−0.070	
陕西	咸阳	礼泉	史德	王都	−0.587	170			
陕西	咸阳	礼泉	史德	云里坊	0.199	38			
陕西	咸阳	礼泉	史德	陈迪	0.203	37			
陕西	咸阳	礼泉	史德	东兴	−0.376	153			
陕西	咸阳	礼泉	西张堡	土洞	0.249	30	−0.380		
陕西	咸阳	礼泉	西张堡	东刘	−0.576	169			

（续）

省	市	县	镇	村名	村得分	村排名	镇得分	县得分	省得分
陕西	咸阳	礼泉	西张堡	兴隆	−0.376	154			
陕西	咸阳	礼泉	西张堡	北宁	−0.638	172			
陕西	咸阳	礼泉	西张堡	沿村	−0.558	166			
陕西	咸阳	礼泉	新时	大张寨	0.134	54	0.237		
陕西	咸阳	礼泉	新时	张则	0.141	51			
陕西	咸阳	礼泉	新时	白鸽	0.535	16			
陕西	咸阳	礼泉	新时	帝尧	0.137	52			
陕西	咸阳	礼泉	新时	王上	0.237	31			
陕西	咸阳	礼泉	赵镇	新寨	0.001	79	−0.035		
陕西	咸阳	礼泉	赵镇	菜园	−0.675	174			
陕西	咸阳	礼泉	赵镇	堡里	0.196	43			
陕西	咸阳	礼泉	赵镇	小沼高	0.196	42			
陕西	咸阳	礼泉	赵镇	尧都	0.108	60			
宁夏	石嘴山	平罗	高庄	高庄	−0.374	151	−0.410	−0.059	0.065
宁夏	石嘴山	平罗	高庄	新村	−0.286	133			
宁夏	石嘴山	平罗	高庄	惠威	−0.108	99			
宁夏	石嘴山	平罗	高庄	幸福	−0.870	177			
宁夏	石嘴山	平罗	渠口	新桥	−0.216	120	−0.217		
宁夏	石嘴山	平罗	渠口	交济	−0.274	129			
宁夏	石嘴山	平罗	渠口	红旗	−0.647	173			
宁夏	石嘴山	平罗	渠口	金桥	−0.286	134			
宁夏	石嘴山	平罗	渠口	永光	0.338	25			
宁夏	石嘴山	平罗	头闸	双渠	−0.311	140	−0.315		
宁夏	石嘴山	平罗	头闸	裕民	−0.234	124			
宁夏	石嘴山	平罗	头闸	东永惠	−0.360	149			
宁夏	石嘴山	平罗	头闸	邵家桥	−0.364	150			
宁夏	石嘴山	平罗	头闸	头闸	−0.308	139			
宁夏	石嘴山	平罗	姚伏	大兴墩	0.162	49	0.520		
宁夏	石嘴山	平罗	姚伏	徐家桥	−0.235	125			
宁夏	石嘴山	平罗	姚伏	周城	−0.375	152			
宁夏	石嘴山	平罗	姚伏	姚伏	1.064	7			

（续）

省	市	县	镇	村名	村得分	村排名	镇得分	县得分	省得分
宁夏	石嘴山	平罗	姚伏	上桥	0.595	14			
宁夏	石嘴山	平罗	姚伏	永胜	1.908	4			
宁夏	吴忠	青铜峡	大坝	沙庙	−0.220	122	−0.235	−0.200	
宁夏	吴忠	青铜峡	大坝	大坝	0.129	56			
宁夏	吴忠	青铜峡	大坝	陈俊	−0.297	138			
宁夏	吴忠	青铜峡	大坝	蒋东	−0.507	164			
宁夏	吴忠	青铜峡	大坝	蒋南	−0.278	131			
宁夏	吴忠	青铜峡	瞿靖	银光	−0.475	161	−0.347		
宁夏	吴忠	青铜峡	瞿靖	蒋西	−0.447	159			
宁夏	吴忠	青铜峡	瞿靖	新民	−0.168	112			
宁夏	吴忠	青铜峡	瞿靖	朝阳	−0.349	146			
宁夏	吴忠	青铜峡	瞿靖	蒯桥	−0.296	137			
宁夏	吴忠	青铜峡	邵岗	邵西	0.074	65	0.066		
宁夏	吴忠	青铜峡	邵岗	下桥	0.326	26			
宁夏	吴忠	青铜峡	邵岗	邵北	−0.197	117			
宁夏	吴忠	青铜峡	邵岗	邵刚	−0.455	160			
宁夏	吴忠	青铜峡	邵岗	邵南	0.580	15			
宁夏	吴忠	青铜峡	叶升	联丰	0.072	67	−0.283		
宁夏	吴忠	青铜峡	叶升	正闸	−0.037	84			
宁夏	吴忠	青铜峡	叶升	地三	−0.481	162			
宁夏	吴忠	青铜峡	叶升	光明	−0.527	165			
宁夏	吴忠	青铜峡	叶升	盛庄	−0.440	158			
宁夏	银川	贺兰	常信	新民	−0.280	132	0.337	0.455	
宁夏	银川	贺兰	常信	五渠	0.174	48			
宁夏	银川	贺兰	常信	桂文	−0.025	82			
宁夏	银川	贺兰	常信	团结	0.909	9			
宁夏	银川	贺兰	常信	新华	0.906	10			
宁夏	银川	贺兰	洪广	金鑫	2.729	2	1.453		
宁夏	银川	贺兰	洪广	洪西	2.086	3			
宁夏	银川	贺兰	洪广	金沙	2.914	1			
宁夏	银川	贺兰	洪广	洪北	−0.317	142			

（续）

省	市	县	镇	村名	村得分	村排名	镇得分	县得分	省得分
宁夏	银川	贺兰	洪广	洪广	−0.149	106			
宁夏	银川	贺兰	金贵	金贵	−0.485	163	−0.135		
宁夏	银川	贺兰	金贵	关渠	−0.379	156			
宁夏	银川	贺兰	金贵	联星	0.195	44			
宁夏	银川	贺兰	金贵	汉佐	−0.229	123			
宁夏	银川	贺兰	金贵	雄英	0.225	34			
宁夏	银川	贺兰	兰岗	清水	0.886	11	0.164		
宁夏	银川	贺兰	兰岗	幸福	−0.722	175			
宁夏	银川	贺兰	立岗	兰丰	0.806	12			
宁夏	银川	贺兰	立岗	民乐	−0.346	145			
宁夏	银川	贺兰	立岗	银星	0.198	41			
河南	开封	开封	八里湾	大王寨	0.204	36	0.200	0.013	−0.056
河南	开封	开封	八里湾	闫楼	0.025	76			
河南	开封	开封	八里湾	果园	0.612	13			
河南	开封	开封	八里湾	芦村	−0.099	94			
河南	开封	开封	八里湾	火张	0.259	29			
河南	开封	开封	杜良	马尾	−0.420	157	−0.383		
河南	开封	开封	杜良	崔楼	−0.147	105			
河南	开封	开封	杜良	黄庄	−0.041	85			
河南	开封	开封	杜良	杜良	−0.337	144			
河南	开封	开封	杜良	李寨	−0.969	178			
河南	开封	开封	万隆	田庄	0.509	17	0.169		
河南	开封	开封	万隆	余园	−0.292	136			
河南	开封	开封	万隆	金箔杨	−0.100	97			
河南	开封	开封	万隆	华阳寺	0.354	24			
河南	开封	开封	万隆	大高庙	0.373	22			
河南	开封	开封	兴隆	魏寨	−0.167	111	0.065		
河南	开封	开封	兴隆	薄店	−0.075	92			
河南	开封	开封	兴隆	蒋洼	0.187	45			
河南	开封	开封	兴隆	兴隆	0.198	40			
河南	开封	开封	兴隆	杨寨	0.184	46			

（续）

省	市	县	镇	村名	村得分	村排名	镇得分	县得分	省得分
河南	开封	兰考	固阳	东马目	−0.334	143	−0.195	−0.233	
河南	开封	兰考	固阳	水驿	−0.166	110			
河南	开封	兰考	堌阳	西马目	−0.100	96			
河南	开封	兰考	堌阳	西关	−0.181	114			
河南	开封	兰考	三义寨	管寨	−0.207	118	−0.623		
河南	开封	兰考	三义寨	白云山	−1.289	180			
河南	开封	兰考	三义寨	三义寨东	−0.627	171			
河南	开封	兰考	三义寨	贾堂	−1.103	179			
河南	开封	兰考	三义寨	河渠	−0.133	103			
河南	开封	兰考	三义寨	傅楼	−0.377	155			
河南	开封	兰考	閆楼	王玉堂	−0.352	147	−0.094		
河南	开封	兰考	閆楼	高寺	0.433	20			
河南	开封	兰考	閆楼	宋庄	−0.217	121			
河南	开封	兰考	閆楼	肖庄	−0.065	89			
河南	开封	兰考	閆楼	茨蓬	−0.271	128			
河南	开封	兰考	仪封	董庄	−0.214	119	0.065		
河南	开封	兰考	仪封	汤坟	−0.313	141			
河南	开封	兰考	仪封	三合庄	1.161	6			
河南	开封	兰考	仪封	台棚	−0.239	126			
河南	开封	兰考	仪封	仪封	−0.072	91			
河南	新乡	封丘	留光	耿村	−0.062	88	−0.102	0.054	
河南	新乡	封丘	留光	朱留固	−0.053	86			
河南	新乡	封丘	留光	小李庄	−0.359	148			
河南	新乡	封丘	留光	后寨	0.068	68			
河南	新乡	封丘	潘店	李四河	1.278	5	0.450		
河南	新乡	封丘	潘店	车营	0.981	8			
河南	新乡	封丘	潘店	三合营	−0.134	104			
河南	新乡	封丘	潘店	大黑岗	0.087	62			
河南	新乡	封丘	潘店	老庄	0.038	73			
河南	新乡	封丘	应举	毛寨	−0.778	176	−0.096		
河南	新乡	封丘	应举	石楼	0.031	75			

（续）

省	市	县	镇	村名	村得分	村排名	镇得分	县得分	省得分
河南	新乡	封丘	应举	孙马台	−0.029	83			
河南	新乡	封丘	应举	阎小寨	−0.181	115			
河南	新乡	封丘	应举	前小寨	0.154	50			
河南	新乡	封丘	应举	岗范	0.227	32			
河南	新乡	封丘	赵岗	大辛庄	0.131	55	−0.039		
河南	新乡	封丘	赵岗	庞店	−0.131	102			
河南	新乡	封丘	赵岗	南常岗	0.092	61			
河南	新乡	封丘	赵岗	南常岗	−0.122	100			
河南	新乡	封丘	赵岗	孙村	−0.165	109			

从表4-6中可看出，三个省（自治区）的农田水利设施的供给水平总体得分值为−0.000 34，低于平均水平。三个省（自治区）差异较大，宁夏回族自治区的农田水利设施供给水平最高，综合得分值为0.065；其次是陕西省，综合得分值为−0.01；河南省排名最后，综合得分值仅为−0.056。在这三个地区中，只有宁夏的农田水利设施高于平均水平，河南、陕西均低于平均水平。在调查中发现，近几年宁夏持续开展农田水利设施项目建设，主要包括新渠道建设、土渠硬化、旧渠道清淤及维护。随着西部大开发战略的实施，国家对西部地区的投入力度不断加大，陕西省农田水利设施供给水平较以往有较大提高，受其地理特征的制约，水源短缺造成农田水利设施严重退化，农田水利设施供给水平不高。河南省的农田水利设施供给水平偏低与农户私人投资比重提高、财政投资相对减少有关。河南地下水资源丰富，地势偏低，易发生涝灾，渠道建设低于田地高度，无法进行自流灌溉，当地农户大多拥有柴油机、抽水泵、输水管等私人小型灌溉设备。

宁夏的农田水利设施供给水平明显高于平均水平，所调查的三个县情况差异较大，贺兰县的农田水利设施供给水平超过了平均水平，综合得分值为0.455，在所有县中排名第一；而青铜峡和平罗县的情况不容乐观，青铜峡县和平罗县的得分分别为−0.2和−0.059。贺兰县位于银川市以北，距离银川市只有8 km，交通十分便利，为贺兰县农业的发展提供了地理优势。贺兰县坚持农田水利基本建设与中低产田改造、高标准农田整治、农业综合开发、小农水项目等相结合，与高效节水、农田排水畅通、水利基础设施配套工程相结合，投资数亿元清淤支斗农渠 2.1 万条，清淤支斗农沟 2.5 万条，积极修护渠道，新建防渗渠道，配套各类建筑物 8 万座，明显改善了之前薄弱的农田水利设施，农户对灌溉的满意度明显提高。贺兰县在注重设施建设的同时，几乎每个村庄都建立了农户用水协会，由县水务局调配水利专业技术人员定期组织培训，并提供全程式技术指导。同时积极利用浅层地下水作为水源，开展高效节水灌溉，西红柿产量由过去大水漫灌的亩产 1 000 kg，提高到亩产 12 500 kg，而用水量不及过去的一半。平罗县作为宁夏回族自治区主要商品粮生产基地县之一，农田面积大，对农田水利设施的需求强，农业灌溉用水量占全部用水量的 80% 以上。政府虽在农田水利设施建设方面做了一定的工作，主要干渠均已硬化，但难以解决根本性的问题。在调查中发现，平罗县现有水利骨干工程大多在修建于 20 世纪 70 年代的老旧设施基础上进行整修、改造、扩建而成，自流灌区现有 1 012 km 的支渠，有问题的渠道占 30%，近半的建筑物老化损坏。维护管理缺失严重，渠道的河沙、垃圾严重降低了农田水利工程的排灌能力。青铜峡是三个县农田水利设施供给水平最低的一个县，仅为 −0.2。调查中发现，青铜峡县政府投资力度有限，农民投资积极性不高，农田水利建设缺乏动力，渠道建设与硬化水平不高。该县大多采用自流灌溉的方式，由于当地土质疏松、沙化严重，未硬化的渠道冲刷损毁严重，致使一部分农田虽在设计灌溉面积范围内却无法进行灌溉，且农田水利设施管理维护不足，以上种种原因导致了青铜峡县农田水利设施供给水平低下。

陕西省农田水利设施供给水平综合得分排名第二，为 −0.01。其中，富平县农田水利设施供给水平最高，得分值为 0.083；其次为眉县，得分值为 −0.043；礼泉县的供给水平最低，仅为 −0.07。从得分结果来看，富平县农田水利设施供给水平均高于总体平均水平，属于农田水利设施供给较好的地区；礼泉、眉县农田水利设施供给水平低于总体平均水平，属于农田水利设施低供给地区。富平县王寮、流曲、到贤三个镇的得分值大于 0（分别为 0.159、0.116、0.071），其中情况最差的是宫里镇，得分值为 −0.012。纳衣村是富平县得分值高于 0.50 的唯一一个村庄，纳衣村的灌溉供水属于引黄水，距离抽水站近，灌溉优先顺序上比较占优，同时灌溉设施完善程度较高。富平县五里墩村的得分值最低，仅为 −0.289。这与其所处的地理位置有很大关系，该村距离抽水站较远，每次灌溉顺序靠后，同时这个村庄属于灌溉设计面积的边缘地带。眉县农田水利设施的供给水平不容乐观，眉县金渠、首善镇的得分值大于 0（分别为 0.102、0.032），齐镇得分值为－0.085，情况最差的是营头镇，得分值为－0.219。除河底与田家寨两个村的得分超过 0.3 外，其他村庄的得分都在 0.3 以下。调研中发现，眉县的农田水利设施供给由当地的两个灌区负责，两个灌区之间缺乏必要的沟通和协调，双方各自在划定区域独立开展农田水利设施建设，建成的农田水利设施未能合作利用，限制了农田水利设施供给数量及利用效率，一些村庄存在不能就近取水的问题，只能绕远实现灌溉，降低了灌溉效率。礼泉县农田水利设施供给水平最低，只有新时镇的得分值大于 0（0.237），史德、西张堡、赵镇三个镇的得分值均小于 0，分别为－0.103、－0.38、－0.035。白鸽村是该县唯一一个得分超过 0.5 的村庄，白鸽村灌溉水源属于引黄水，同时该村通过中央财政小型农田水利重点建设项目实施机井灌溉工程，完成新打配套机井两眼，并由村民自行集资修建 5 眼机井，彻底解决该村"水中旱"灌溉问题。北宁、王都、东刘、沿村得分较低，分别为－0.638、－0.587、－0.576、－0.558，在 180 个村庄里排名靠后。调研发现，由于宝鸡峡灌区与泔河水库工程设施年久失修，老化严重，灌溉面积锐减，这几个村受影响较大。一直以来的自流灌溉使得这几个村庄存在机井建设不足，配套设施不完善的状况。

河南省的综合得分在三个省（自治区）中最低，为－0.056。其中，封丘县的农田水利设施供给水平得分最高，为 0.054；开封县次之，为 0.013；兰考县的供给水平最低，仅为－0.233。从得分结果来看，开封和封丘县的农田水利设施供给水平高于总体平均水平，属于农田水利设施供给较好的地区；兰考县农田水利设施供给水平低于总体平均水平，属于农田水利设施低供给地区。封丘县紧靠黄河，水资源优势得天独厚，灌溉水源为黄河水和地下水。封丘县是河南省国家级粮食主产区，同时被确定为农业综合开发重点县，在河南省率先提出"水利建设推进年活动"，采取财政补贴加大引黄灌溉力度，通过财政支出确保主引水渠道的清淤，通过新打机井，改造旧井，硬化渠道夯实农田水利基础设施建设，解决"最后一公里"问题，以村庄为单位成立用水协会对村庄范围内机井、水泵等设备进行检查维护。开封县与封丘县情况类似，该县充分发挥"一事一议"制度作用，边建设变筹资，每年定期对渠道进行清淤和维护，有效解决了沟渠清淤问题。通过政府投资采用新建水利设施、联通灌排渠道、采用倒灌、延伸引水渠、恢复老渠道功能等方式，使该县主要河道水位上升，支、斗、毛渠也相应提高水位。兰考县农田水利设施供给水平最低，仅为一0.233。兰考县机井数量不多且存在部分井配套设施不完善，灌溉能力有限，在灌溉高峰期难以满足灌溉需求。渠道的建设和硬化水平低，管理和维护缺乏动力；基层水利管理者缺失导致灌溉次序仅靠农户自觉性维护，农田水利设施供给软件不到位。

4.2.2.3 农田水利设施供给水平因子结构分析

本章前面已经讨论了三个地区的农田水利设施供给整体水平，下面我们将根据各个因子得分情况，进一步讨论各个因子如何影响农田水利设施供给水平。表4-7给出了三个地区各公因子得分情况，三个地区的平均得分中基础性供给能力因子、技术性供给能力因子与保障性供给能力因子得分分别为0.003、0.001和0.00002，超过了平均水平，而社会性供给能力因子的平均得分值为一0.001，低于平均水平。

表4-7 农田水利设施供给水平各因子评价情况

省份	市（区）	县	基础性供给能力因子		技术性供给能力因子		保障性供给能力因子		社会性供给能力因子	
陕西	宝鸡	眉县	−0.48		0.74		0.32		−0.43	
	渭南	富平	−0.35	−0.40	1.07	0.91	0.06	−0.02	−0.25	−0.35
	咸阳	礼泉	−0.36		0.92		−0.43		−0.38	
宁夏	石嘴山	平罗	0.39		−0.70		0.10		−0.45	
	吴忠	青铜峡	−0.06	0.56	−1.03	−0.73	0.77	0.50	−0.43	−0.52
	银川	贺兰	1.35		−0.45		0.64		−0.70	
河南	开封	开封	0.11		−0.42		−0.76		1.28	
	开封	兰考	−0.46	−0.16	−0.24	−0.18	−0.22	−0.49	0.33	0.87
	新乡	封丘	−0.12		0.12		−0.48		1.01	
	综合得分		0.003		0.001		0.00002		−0.001	

基础性供给能力因子主要包括干渠长度、支渠长度、机井数和集体水泵数4个指标，能够较为宏观地反映农田水利设施的供给水平。在三个地区中，只有宁夏的基础性供给能力因子得分超过平均水平，达到0.56，这可能与宁夏近几年持续开展农田水利设施项目建设有关，主要包括新渠道建设、土渠硬化、旧渠道清淤及维护；河南的基础性供给能力因子得分值为

－0.16，低于平均水平；陕西的基础性供给能力因子得分最低，仅为－0.4，当地水源短缺造成农田水利设施严重退化，管理人员和农户参与集体行动的积极性不高。

技术性供给能力因子包括机井平均出水量和机井平均深度两个指标，在一定程度上反映了农田水利设施建设的技术水平，代表了农田水利设施建设的技术性特征。陕西在技术性供给能力因子中的得分值超过了平均水平，为0.91。陕西受其地理特征制约，水源短缺，该地区转变建设理念，在农田水利建设过程中积极引入节水灌溉等新技术作为指导，因此陕西的技术性供给能力因子得分较高。河南的技术性供给能力因子得分低于平均水平，为－0.18；宁夏的技术性供给能力情况最差，因子得分仅为－0.73，该地区位于黄河灌区的中上游，灌溉水源充裕，大多采用自流灌溉的方式，因此可能在技术性供给方面会暂且搁置。

保障性供给能力因子包括水利管理者人数、设施完好百分比和变压器三个指标，反映了农田水利设施供给的管护状况和配套设施建设情况。三个地区中只有宁夏的得分值为正值，超过平均水平。一方面国家对其作为少数民族集聚区给予的扶持政策较多，集体供给比重较大，另一方面与其设立专职的农田水利设施管理人员有关。河南与陕西的得分值均为负值，河南较陕西情况更差些，得分仅为－0.49。这两个地区在农田水利设施配套设施方面供给不足，"搭便车"心理造成人们在使用过程中不注重维护，农田水利设施专职管理人员的缺失进一步导致设施损毁严重，加剧了配套设施的短缺。

在社会性供给能力因子中，水费收取率反映了农田水利设施供给的市场化程度，而私人水泵数量从侧面体现了民间资本参与的非政府供给情况。河南的社会性供给能力因子得分值最高，为0.87，可能与其灵活的水费收取方式有关。河南作为产粮大省，地下水资源丰富，地势偏低，易发生涝灾，渠道建设低于田地高度，无法进行自流灌溉，社会性的农田水利设施供给应运而生，当地农户大多拥有柴油机、抽水泵、输水管等私人小型灌溉设备。陕西和宁夏两个地区的得分值较低，且均低于平均水平。陕西和宁夏可能是集体供给能力较强制约了社会性供给能力的提高，同时，当地的地理特征、种植结构等客观条件也会对社会性供给能力的提高造成抑制。

通过横向比较发现，三个地区的各因子得分差异较大。宁夏在基础性供给能力和保障性供给能力两方面高于平均水平，技术性和社会性供给能力较低拖累了农田水利设施供给整体水平的提高。陕西省农田水利设施供给水平评价中，技术性供给能力因子得分值较高，为 0.91，其他因子得分值均为负值，基础性和社会性供给能力较低制约了农田水利设施供给整体水平的提高；河南省农田水利设施供给水平评价中，社会性供给能力因子得分值较高，为 0.87，其他因子的供给能力较低，基础性和保障性供给能力严重不足，整体上落后于陕西和宁夏地区。

4.3 农户收入差异视角下农田水利设施供给水平影响因素分析

农田水利设施是农村居民最重要的公共产品之一，它对于农村经济发展和建设和谐稳定的新农村具有重要意义。在前文，我们对农田水利设施供给水平进行了综合评价，下面我们将深入探析哪些因素制约农田水利设施供给水平的提高，这些因素如何影响农田水利设施供给水平，各因素对农田水利设施供给水平影响的重要程度如何。

有关学者对农村公共产品供给水平影响因素方面的研究较多，但关于农田水利设施供给水平的影响因素研究涉及较少。曾福生（2007）认为，家庭联产承包责任制打破原有公共财政体系，农业税的取消，削弱了地方财政收入，弱化了地方对农村公共产品供给的能力，对农户参与公共产品供给支持与激励不足，都是造成农村公共产品供给水平不高的原因。姚升（2011）利用农户调查数据，对粮食主产区农村公共品供给影响因素进行了研究，发现村干部的受教育年限、村经济发展水平、村庄地理环境及人口特征等是供给投入的主要影响因素。彭长生（2007）研究发现，村庄集体收入和农户收入是农村公共产品供给水平的主要影响因素且存在差异，但劳动力流动对农户集体行动没有影响。王蕾（2014）研究发现，农民农业收入水平、外出务工人数、打工工资水平和政府支持力度对农田水利设施供给水平有显著影响。目前，关于农村公共产品供给影响因素方面的研究较多，针对农田水利设施供给水平影响因素的研究较少涉及。本书在前人研究的基础上，采用三个省（自治区）180 个村庄关于农田水利设施供给状况的样本数据，选用 Tobit 模型，探析各因素对农田水利设施供给水平的影响，以期提高农田水利设施的供给水平。

4.3.1 数据来源

本部分所使用数据来源于上文中对农田水利设施供给水平的综合评价（表 4-6）及调研的 180 个村庄的数据。为了使农田水利设施供给水平的值在 0～1 的范围内，因此需要对原始数据进行标准化处理。这里使用 min-max 标准化处理法对农田水利设施供给水平结果进行标准化处理，其计算公式为 $y_i = \dfrac{x_i - \min x_i}{\max x_i - \min x_i}$，处理结果如表 4-8 所示。

表 4-8 农田水利设施供给水平的标准化处理结果

陕西		河南		宁夏	
村庄	标准化得分	村庄	标准化得分	村庄	标准化得分
河底	0.39	大王寨	0.36	高庄	0.22
年家庄	0.27	闫楼	0.31	新村	0.24
枣林	0.25	果园	0.45	惠威	0.28
田家寨	0.40	芦村	0.28	幸福1	0.10
黄家坡	0.35	火张	0.37	新桥	0.26
上庙	0.32	马尾	0.21	交济	0.24
石龙庙	0.24	崔楼	0.27	红旗	0.15
斜谷	0.28	黄庄	0.30	金桥	0.24
曲兴	0.33	杜良	0.23	永光	0.39
南寨	0.26	李寨	0.08	双渠	0.23
五坶	0.30	田庄	0.43	裕民	0.25
醋家塬	0.28	余园	0.24	东永惠	0.22
张赵	0.31	金箔杨	0.28	邵家桥	0.22
第五	0.32	华阳寺	0.39	头闸	0.23
杨千户	0.35	大高庙	0.40	大兴墩	0.35
新河	0.34	魏寨	0.27	徐家桥	0.25
营头	0.17	薄店	0.29	周城	0.22
第二坡	0.28	蒋洼	0.35	姚伏	0.56
和平	0.17	兴隆2	0.35	上桥	0.45
黄家	0.31	杨寨	0.35	永胜	0.76
庄镇	0.33	东马目	0.23	沙庙	0.25
新合	0.29	水驿	0.27	大坝	0.34
盖村	0.27	西马目	0.28	陈俊	0.24
西仁	0.31	西关	0.26	蒋东	0.19
到贤	0.41	管寨	0.26	蒋南	0.24

（续）

陕西		河南		宁夏	
村庄	标准化得分	村庄	标准化得分	村庄	标准化得分
桥南	0.27	白云山	0.00	银光	0.19
大樊	0.28	三义寨东	0.16	蒋西	0.20
齐村	0.33	贾堂	0.04	新民1	0.27
董村	0.36	河渠	0.28	朝阳	0.22
南陵	0.29	傅楼	0.22	蒯桥	0.24
北耕	0.38	王玉堂	0.22	邵西	0.32
大岗	0.37	高寺	0.41	下桥	0.38
丈八	0.32	宋庄	0.26	邵北	0.26
臧村	0.36	肖庄	0.29	邵刚	0.20
五里墩	0.24	茨蓬	0.24	邵南	0.44
三合	0.31	董庄	0.26	联丰	0.32
太平	0.33	汤坟	0.23	正闸	0.30
纳衣	0.43	三合庄	0.58	地三	0.19
南董	0.32	台棚	0.25	光明	0.18
军寨	0.34	仪封	0.29	盛庄	0.20
榆村	0.32	耿村	0.29	新民2	0.24
王都	0.17	朱留固	0.29	五渠	0.35
云里坊	0.35	小李庄	0.22	桂文	0.30
陈迪	0.35	后寨	0.32	团结	0.52
东兴	0.22	李四河	0.61	新华	0.52
土洞	0.37	车营	0.54	金鑫	0.96
东刘	0.17	三合营	0.27	洪西	0.80
兴隆1	0.22	大黑岗	0.33	金沙	1.00
北宁	0.15	老庄	0.32	洪北	0.23
沿村	0.17	毛寨	0.12	洪广	0.27
大张寨	0.34	石楼	0.31	金贵	0.19
张则	0.34	孙马台	0.30	关渠	0.22
白鸽	0.43	阎小寨	0.26	联星	0.35
帝尧	0.34	前小寨	0.34	汉佐	0.25
王上	0.36	岗范	0.36	雄英	0.36
新寨	0.31	大辛庄	0.34	清水	0.52
菜园	0.15	庞店	0.28	幸福2	0.13
堡里	0.35	南常岗	0.33	兰丰	0.50
小沼高	0.35	前盘丘	0.28	民乐	0.22
尧都	0.33	孙村	0.27	银星	0.35

4.3.2　变量选择

在综合相关研究成果的基础上，结合实际调查的情况，从村庄经济发展状况、距离县城距离、政府投资力度等方面，选取 8 个可能对农田水利设施供给水平产生影响的因素，具体地选择变量包括距县城距离、打工日工资、农户收入差异、外出打工人数比、村庄经济状况、是否为示范基地、政府投资力度、是否有小农水重点项目等，对所选择的变量的具体定义见表 4-9。

表 4-9　农田水利设施供给水平影响因素变量定义与描述性统计

解释变量	代码	变量定义	均值	标准差
距县城距离	Z_1	村庄与县城之间的距离（km）	14.16	6.78
打工日工资	Z_2	元/天	102.14	23.62
打工人数比	Z_3	外出务工人数/全村总人数	0.33	0.14
经济状况	Z_4	1=很差；2=较差；3=差不多；4=较好；5=很好	3.24	0.78
是否是示范基地	Z_5	1=是；0=否	0.37	0.48
是否有小农水重点项目	Z_6	1=是；0=否	0.79	0.41
政府部门投资力度	Z_7	1=几乎不投入；2=力度较小；3=一般；4=力度较大；5=投入很大	3.35	0.84
农户收入差异	Z_8	根据农户农业收入测算基尼系数	0.32	0.13
地区虚拟变量				
陕西	Z_9	是否为陕西省：1=是；0=否		
河南	Z_{10}	是否为河南省：1=是；0=否		

从表 4-9 中可以看出，村庄距县城距离差异较大，最近的为 1 km，最远的为 35 km，平均距离为 14.16 km。打工日工资一般水平为 102.14 元，受当地经济发展水平与被调查者性别影响，差异比较明显。外出务工人数占全村总人数的 33%，即全村近 1/3 的人外出务工，在剩余的 2/3 的人口中，除去老人和小孩，农业劳动力人数估计仅有 1/3，每个村庄的状况差别不大。在 180 个村庄样本中，67 个为示范基地、包括水果种植示范基地、蔬菜种植示范基地、枸杞种植示范基地等。有小型农田水利设施重点建设项目的村庄 143 个，占总体的 79.44%。近年来，政府投资力度较大，处于中等偏上水平，在所调查的村庄中，以国家财政投资为主的农田水利设施占到

80％左右。基尼系数最小值为 0.064，最大值为 0.716，均值为 0.32，表明农户收入存在较大差异。

4.3.3　研究方法

将标准化的农田水利设施供给水平作为因变量，由于标准化的数据为 0～1 之间的连续性变量，在此用 Tobit 模型就各因素对因变量的影响做进一步分析。人们把解释变量取值为有限制、存在选择行为的这类模型称之为 Tobit 模型。这类模型包括两种方程，一种是反映选择问题的离散数据模型；另一种为受限制的连续变量模型。本书的数据符合第二种情况。Tobit 模型的回归模型为：

$$Y_i^* = \beta_0 + \beta_1 Z_i + \mu_i$$

$i=1, 2, \cdots, n$，当 $Y_i^* > 0$ 时，$Y_i = Y_i^*$；当 $Y_i^* \leqslant 0$ 时，$Y_i = 0$。

式中，Y_i^* 为潜变量；Y_i 为农田水利设施供给水平；Z_i 为影响农田水利设施供给水平的各因素；μ_i 为随机误差项。

4.3.4　农田水利设施供给水平影响因素实证结果及分析

本部分使用 Eviews 软件对农田水利设施供给的影响因素进行 Tobit 模型的回归分析，输出结果如表 4-10 所示。

表 4-10　农田水利设施供给水平影响因素 Tobit 输出结果

解释变量	系数	标准差	T统计量
距县城距离	0.000 7	0.001 5	0.48
打工日工资	−0.000 7**	0.000 3	−2.11
打工人数比	0.054 7	0.039 6	1.38
经济状况	0.012 4	0.012 0	1.04
是否为示范基地	0.040 3*	0.019 8	2.03
是否有小农水项目	0.031 8	0.021 9	1.45
政府投资力度	0.014 6*	0.015 0	1.73
农户收入差异	0.048 1*	0.027 3	1.76
陕西	−0.026 8***	0.008 3	−3.21
河南	−0.022 8***	0.008 5	−2.66
常数项	0.256 2***	0.071 2	3.6

注：*、**、***分别表示 10％、5％、1％的显著水平。

(1) 从模型输出结果来看，距县城距离、打工人数比、与附近村庄经济状况比较、是否有小农水重点建设项目这三个变量对农田水利设施供给水平没有显著影响。

在农村基础设施建设方面，距县城距离近的村庄会优越于距县城距离远的村庄，受地理位置制约，这些村庄的农业生产可能已经退化，商业活动逐渐兴起；距县城距离远的村庄，农业生产活动享受到城镇化建设的成果相对较少，农田水利设施的建设也会受到影响，这或许是距县城距离对农田水利设施供给水平影响不显著的原因所在。

外出打工人数比未通过显著性检验，村庄剩余劳动力随着外出打工人数增多会相应减少，导致农业生产受到的阻碍增大，现实中农村青壮年劳动力大多在农闲季节外出打工，农忙时节返乡务农，那些文化程度普遍偏低，没有一技之长年龄偏大的农民外出务工难度较大，农业生产因外出打工人数增多受到的阻碍较小，农民从事农业生产的积极性并未降低，对农田水利设施的需求和供给没有出现明显减弱的现象。

与附近村庄经济状况比较未通过显著性检验，但系数为正值，在一定程度上说明，经济状况越好是有利于农田水利设施建设的，经济状况越好的村庄其对生产性公共设施的要求越高，对农田水利设施的需求可能越强。

是否有小农水重点建设项目对农田水利设施供给水平无显著影响与预期不符。可能的原因是一些项目多处在工程实施及设施配套阶段，尚未投入使用。

(2) 打工日工资水平、是否为示范基地、政府投资力度和农户收入差异对农田水利设施供给水平有显著影响。

打工日工资水平对农田水利设施供给水平具有显著负向影响，说明随着打工工资水平提高，限制了农田水利设施供给水平提高。打工工资越高越能给农户带来直观和及时的收益，农户不再将从事效益偏低与周期较长农业生产作为赖以生存的基础，更倾向于外出务工，逐步淡化农业生产。

是否为农业示范基地对农田水利设施供给水平有显著正向影响。调查发现，作为农业示范基地的村庄，其农田水利设施项目进行统一规划建设，资金整合利用效率较高，同时这些村庄大多发展了节水灌溉工程，喷灌、滴灌等高效节水灌溉技术得到推广。

政府作为农田水利设施建设的主导力量，其支持力度对农田水利设施供给水平有显著正影响。目前，农户参与农田水利设施供给的力度较小，缺少政府的支持与参与，干渠、提灌站、水库等农田水利设施的建设与维护难以完成。

农户收入差异对农田水利设施供给水平具有显著正向影响，说明农户收入差异的扩大一定程度上有利于农田水利设施供给水平提高。随着农户收入差异的扩大，农业收入水平高的农户增加了自身对农田水利设施的需求，要求也会更高，这会促使其积极参与农田水利设施供给，进一步完善农田水利设施，农田水利的准公共物品特性促进农田水利设施供给水平的整体提高。

（3）区域差异分析。虚拟变量结果显示，宁夏、陕西与河南3个省（自治区）农田水利设施供给水平存在显著差异。在调查中发现，近几年宁夏持续开展农田水利设施项目建设，主要包括新渠道建设、土渠硬化、旧渠道清淤及维护。随着西部大开发战略的实施，国家对西部地区的投入力度不断加大，陕西省农田水利设施供给水平较以往有较大提高，受其地理特征的制约，水源短缺造成农田水利设施严重退化，农田水利设施供给水平不高。河南省农田水利设施供给水平偏低与农户私人投资比重提高、财政投资相对减少有关。河南省地下水资源丰富，地势偏低，易发生涝灾，渠道建设低于田地高度，无法进行自流灌溉，当地农户大多拥有柴油机、抽水泵、输水管等私人小型灌溉设备。

4.4　小结

本章从农田水利设施供给水平出发，构建评价农田水利设施供给水平的多维指标体系，并对陕西、河南、宁夏3个省（自治区）的农田水利设施供给水平及影响因素进行了实证分析，得出结论如下。

第一，调查省份的农田水利设施供给水平偏低且地区差异较大，宁夏农田水利设施供给水平最高；其次是陕西省；河南省最低。农田水利设施供给水平高的地区在渠道建设、清淤及配套设施建设方面发展较快，而农田水利设施供给水平低的地区在新设施建设和渠道管理维护方面存在不足。

第二，纵向比较结果显示，三个地区的平均得分中基础性供给能力因子、保障性供给能力因子及技术性供给能力因子得分分别为 0.003、0.001 和 0.000 02，超过平均水平，而社会性供给能力的平均得分为负值，低于平均水平。横向比较发现，三个地区的各因子得分差异较大，制约三个地区农田水利设施供给整体水平提高的关键因子各不相同。

第三，农户收入差异、打工日工资水平、是否为示范基地和政府投资力度对农田水利设施供给水平有显著影响，而距县城距离、打工人数比、与附近村庄经济状况比较、是否有小农水重点建设项目这 4 个变量对农田水利设施供给水平没有显著影响。

第五章

农户收入差异视角下的农田水利设施供给满意度

　　农田水利设施建设是农村居民最为关键的公共产品之一，具有不完全的非排他性和非竞争性，与农业生产密切相关，对保障粮食安全、增加农民收入、促进农村经济社会可持续发展和保持社会稳定方面发挥着重要的作用（Barrios，2008；朱红根，2010；刘石成，2011；王广深，2013；董海峰，2013；张建伟，2013）。随着我国强农惠农富农政策力度不断加大，国家在政策和资金上对农田水利设施建设给予了大力支持，农田水利建设取得了较大发展，但这些绩效能否真正体现公平公正的原则，公共政策支出效果是否真正得到提升？

　　目前，农户对农田水利设施供给满意度如何，哪些关键因素影响着满意度的提高，这是提高农田水利设施供给绩效必须面对的现实问题。然而，一方面，鉴于农户个体决策行为的异质性特点，这突破了传统经济学同质性假设，其决定着农田水利设施供给效果的评估必须立足于微观农户个体；另一方面，不同农业收入水平农户对农田水利设施的需求存在明显的目标差异和心理偏好差异，致使农户对农田水利设施满意度的感受和评价存在显著差别。因此，衡量农田水利设施供给是否达到了预期的理想目标，最有效、最可行的方法就是在考虑农户农业收入差异特征的基础上，从农户视角对农田水利设施供给进行客观公正的评价（朱玉春，2011）。作为农田水利设施直接受益者的农户，其对政府出资提供的农田水利设施情况予以评价能够体现农户的真实需求，以缓解农村公共产品的供需错位，也是评价政府公共部门工作绩效的一个重要标准。充分考虑不同农业收入水平农户对农田水利设施供给效果的评价，尊重农户的需求意愿，对于进一步完善国家支农惠农政策体系具有重要促进作用。

近年来，国内外学者主要从农田水利设施供给的重要性、农户满意度和农户收入异质性三个角度探究农田水利设施供给问题，其成果为本研究提供了一定的思路和借鉴。农田水利设施建设直接降低了农民农业生产的投入成本，从而提高了农业收入，对农村经济发展具有举足轻重的作用（朱玉春等，2010）。同时，小型农田水利设施供给状况的改善有效地促进了农业生产率的增长，在农田水利设施供给状况较好的村庄，农户更愿意从事农业生产。如何从农户的角度评估农田水利设施供给在农村发展中发挥的作用，并进一步提高其功效，需要建立以农户为中心的农田水利设施建设体制，运用科学的方法测评农户满意度（唐娟莉，2013）。研究农户对农田水利设施供给满意度，对于提高农田水利设施供给效率，优化农田水利设施资源配置具有重要现实意义。有研究表明，农田水利设施是农民最为关心和需要的，但供给满意度却是最低的一项农村生产性公共产品（夏峰，2008）。原因在于，政府在建设农田水利设施时，没有充分考虑农户的农田水利设施需求偏好。孔祥智、涂胜伟（2006）分析得出农户对农田水利设施需求偏好因农户个体特征的不同而存在差异的结论。不同收入差异农户表现出具有明显个体特征的行为偏好和需求偏好，对农田水利设施的需求因收入差异引发的不同偏好日趋显现（王蕾，2013），进而导致农户个体层面对农田水利设施供给效果的评价，通过需求偏好的反应带有明显的收入差异的印迹。

通过对前人研究成果的总结与思考，目前关于农田水利设施对农业生产影响的作用研究多强调政府公共投资的宏观效果；对农田水利设施供给农户满意度的研究虽从微观角度出发，但多数研究未能体现不同收入差异农户对农田水利供给的满意度；从农户收入异质性视角对农田水利设施供给满意度的研究多根据农户收入水平差异对农户进行分组研究，未将农户收入水平细化为农户收入差异进行研究。本书在考虑农户收入差异的前提下，测算农户收入差异并进行分组，采用有序 Logit 模型，探索农户对农田水利设施供给满意度及其影响因素。

5.1　数据说明和变量选择

5.1.1　调查概况

本章分析所需要数据来源于 2014 年 7—8 月实地问卷调查及与村委会主

任等相关人员的访谈。此次调查范围涉及河南、宁夏、陕西 3 个省（自治区）9 个市（县）。调研采取随机走访的方式进行，分别走访了 3 省经济发达、中等和落后的 9 个市（县），每个市（县）按照经济发展水平随机抽取 4 个乡镇，每个乡镇随机选取 5 个自然村，再在每个抽样的自然村中随机选取 8~10 个农户进行随机调查与访谈。

5.1.2　样本描述

此次调查共获有效问卷 1 456 份，表 5-1 列出了调查对象的基本情况。调查对象以中老年为主，占 72.12%，这与多数农村青壮年劳动力外出务工有关，其受教育程度多集中于初中以下，占 89.2%，可见农民的文化水平普遍较低，而子女上学比例超过一半，村干部比例占 3.37%。

收入差异的测算有很多方法，比如洛伦兹曲线、泰尔指数、基尼系数等。这些指标方法不同，但是基本原理差不多，本书采用国际上最为通用的基尼系数来测算村庄内部农户之间农业收入水平的差异。参考联合国有关组织规定：通常把 0.4 作为收入分配差异的警戒线，基尼系数若低于 0.2，表示收入绝对平均，0.2~0.3 表示比较平均，0.3~0.4 表示相对合理，超过 0.4 表示收入差异较大。根据农户农业收入计算基尼系数，并参照基尼系数划分标准，将农户划分为无差异组、低差异组、中差异组、高差异组等四种类型。其中，农户收入差异在 [0, 0.2] 为无差异组，[0.2, 0.3] 为低差异组，[0.3, 0.4] 为中差异组，[0.4, 1] 为高差异组。无差异组、低差异组、中差异组和高差异组的农户所占比重分别为 18.82%、38.80%、22.60% 和 19.78%，表明农户之间农业收入存在显著差异。详见表 5-1。

表 5-1　调查对象基本情况

统计指标	选项	样本量	百分比（%）
农户收入差异	[0, 0.2]	274	18.82
	[0.2, 0.3]	565	38.80
	[0.3, 0.4]	329	22.60
	[0.4, 1]	288	19.78
性别	女	639	43.89
	男	817	56.11

（续）

统计指标	选项	样本量	百分比（%）
年龄	18～25	18	1.24
	26～35	93	6.39
	36～45	295	20.262
	46～55	463	31.80
	56 岁以上	587	40.32
是否村干部	否	1 407	96.63
	是	49	3.37
子女是否上学	无	716	49.31
	有	736	50.69
受教育程度	小学及以下	649	44.91
	初中	640	44.29
	高中	132	9.13
	大专及本科	23	1.59
	本科以上	1	0.07

5.1.3　农户对农田水利设施供给满意度评估

在问卷的设计中，农户根据目前农田水利设施供给状况以及自身的期望，对农田水利设施供给作出满意度评价。若农田水利设施的供给能够满足农户的需求，那么农户对农田水利设施供给满意度较高；若农田水利设施供给远不能满足农户的需求，那么农户对农田水利设施供给满意度较低。

图 5-1 结果显示，在无差异组中，33.95%的农户认为农田水利设施供给较好，3.69%的农户认为很好，38.01%的农户处于中间状态，19.56%的农户认为不好，4.8%的农户认为很不好。也就是说，在当前农田水利设施供给条件下，无差异组仍有 24.36%的农户需求不能得到基本满足，38.01%的农户需求不能得到有效满足。

图 5-2 结果显示，在低差异组中，43.96%的农户认为农田水利设施供给较好，4.32%的农户认为很好，26.13%的农户处于中间状态，20%的农户认为不好，5.59%的农户认为很不好。在当前农田水利设施供给条件下，低差异组 74.41%的农户需求能够得到基本满足，47.28%的农户需求能够

得到有效满足。

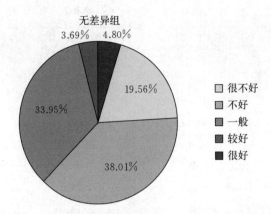

图 5-1　无差异组农户对农田水利设施供给满意度评价

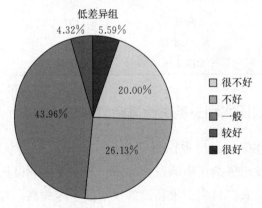

图 5-2　低差异组农户对农田水利设施供给满意度评价

　　图 5-3 结果显示，在中差异组中，35.98%的农户认为农田水利设施供给较好，6.1%的农户认为很好，33.54%的农户处于中间状态，17.68%的农户认为不好，6.71%的农户认为很不好。在当前农田水利设施供给条件下，中差异组 75.62%的农户需求能够得到基本满足。

　　图 5-4 结果显示，在高差异组中，44.29%的农户认为农田水利设施供给较好，6.43%的农户认为很好，27.14%的农户处于中间状态，18.21%的农户认为不好，3.93%的农户认为很不好。在当前农田水利设施供给条件下，高差异组 77.86%的农户需求能够得到基本满足，超过一半的农户需求能够得到有效满足。

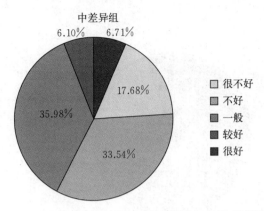

图 5 - 3 中差异组农户对农田水利设施供给满意度评价

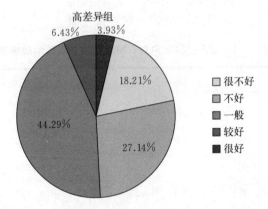

图 5 - 4 高差异组农户对农田水利设施供给满意度评价

图 5 - 5 结果显示,在农户对农田水利设施供给满意度的总体评价中,43.89%的农户认为农田水利设施供给较好,4.40%的农户认为很好,24.93%的农户处于中间状态,22.05%的农户认为不好,仅有4.74%的农户认为很不好。显而易见,农田水利设施供给较为理想,能在一定程度上很好地满足农户需求,尚没有达到农户的理想预期。农户对农田水利设施供给的评价均值为3.21,处于中等供给水平,这进一步说明农田水利设施供给效果有待提高。

由表5-2可知,随着农户收入差异的加大,农户对农田水利设施供给满意度总体上有相应提高态势。评价为"较好"和"很好"的比重,无差异组、低差异组、中差异组、高差异组分别为37.64%、48.28%、42.08%、50.72%。而评价为"一般"和"不好"的比重,以上收入组分别为57.57%、

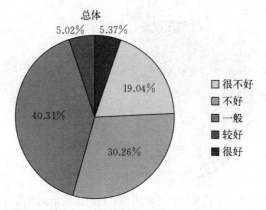

图 5-5　农户对农田水利设施供给满意度总体评价

46.13%、51.22%、45.35%，呈现一定下降态势。

表 5-2　收入差异农户对农田水利设施供给的满意度

农户收入差异组	样本量	很不好	不好	一般	较好	很好	均值
无差异组	274	4.80%	19.56%	38.01%	33.95%	3.69%	3.12
低差异组	565	5.59%	20.00%	26.13%	43.96%	4.32%	3.21
中差异组	329	6.71%	17.68%	33.54%	35.98%	6.10%	3.17
高差异组	288	3.93%	18.21%	27.14%	44.29%	6.43%	3.31
总体	1 456	4.74%	22.05%	24.93%	43.89%	4.40%	3.21

5.1.4　变量选择

在综合相关文献的基础上，从农户个体特征、政府保障、管理维护等方面，选取 14 个可能会对农户满意度产生影响的因素。农户作为农田水利设施的使用者与直接受益者，自身特征会影响农户对农田水利设施供给状况的感知与评价。本书选取性别、年龄、受教育程度、是否为村干部、是否有子女上学等来表征农户特征。近年来，农村青壮年农业劳动力向非农产业转移，留守劳动力女性化、老龄化趋势明显。在农田灌溉过程中，一般来说，男性承担了重要责任，对农田水利设施供给状况变化的感知会更为深刻。随着年龄的增大，对农户的身体健康产生影响，进而对农田水利设施会有更高的要求。农户受教育程度的高低对农户接受农业科技信息，提高农业生产的技术含量，科学灌溉技术的采用均有影响，进而影响农户对农田水利设施供给的重视程度。村干部作为农村基层管理者，会直接或间接参与到农田水利设施使用者及管理过程中，更能认识到农田水利设施管理、维护等方面的弊端，从而影响其评价。子女上学会加重务农家庭的经济负担，导致农户对农业生产的期望与依赖增强，进而对农田水利设施产生更高的需求，影响其对农田水利设施供给满意度的评价。农田水利设施作为农村准公共产品，在建设、管理、维护过程中需要政府的指导与支持，政府的重视程度会影响农户评价。水价会影响农户满意度，并与满意度呈负相关。供水模式体现了农户对当前灌溉自由化程度的评价，集中供水通常具有强制性和非及时性，影响农户满意度。灌溉需求是否满足、灌溉便利性、设施管理、维护状况从不同侧面反映了农田水利设施供给、管理水平，这些均影响着农户评价。发展变化情况，农户对农田水利设施变化情况会存在比较心理，农田水利设施近五年的变化情况以及与邻村的比较情况体现了其在时间维度与空间维度上的比较，进而影响农户评价。

表 5-3 列出了相关变量定义和描述性统计。在调查的农户中，从性别上看，以男性居多，男性比例为 56.11%。年龄分布呈增长趋势，45 岁以下仅占 27.88%，45 岁以上占 72.12%，表明农村务农人员的年龄趋于老龄化。从受教育程度看，小学及以下、初中的居多，占到 89.2%，说明农民整体的受教育水平较低。子女上学比例超过一半，从侧面反映出农户对教育的重视程度提高。村干部 49 户，非村干部 1 407 户。根据农户农业收入计算基尼系数，并参照基尼系数划分标准，将农户划分为无差异组、低差异组、中差异组、高差异组等四种类型。其中，农户收入差异在 [0，0.2] 为无差异组，[0.2，0.3] 为低差异组，[0.3，0.4] 为中差异组，[0.4，1] 为高差异组。按照此划分标准，无差异组、低差异组、中差异组和高差异组的农户所占比重分别为 18.82%、38.80%、22.60% 和 19.78%，表明农户之间农业收入存在显著差异。农户对政府关于农田水利设施的重视程度、农田水利设施管理、维护状况评价不高。农户认为农田水利设施相较五年前变得较好，灌溉较便利，能在一定程度上满足农户的需求。灌溉水价评价均值为 3.71，表明农户普遍认为水价较高，但对于哪种供水模式没有特殊偏好。

表 5 - 3　相关变量定义和描述性统计

变量	变量定义	最小值	最大值	均值	标准差	预期作用方向
被解释变量						
农户对农田水利设施供给满意度	1＝很不好，2＝不好，3＝一般，4＝较好，5＝很好	1.00	5.00	2.793 6	0.983 8	—
解释变量						
农户特征变量						
性别	0＝女，1＝男	0.00	1.00	0.570 4	0.495 2	＋
年龄	1＝18－25 岁，2＝26－35 岁，3＝36－45 岁，4＝46－55 岁，5＝56 岁以上	1.00	5.00	4.039 7	0.983 0	＋
是否村干部	0＝否，1＝是	0.00	1.00	0.034 2	0.192 9	＋
是否子女上学	0＝没有子女上学，1＝有子女上学	0.00	1.00	0.509 8	0.504 2	—
受教育程度	1＝小学及以下，2＝初中，3＝高中，4＝大专及本科，5＝本科以上	1.00	5.00	1.672 9	0.713 5	＋
发展变化情况						
近五年变化	1＝变得很不好，2＝变得不好，3＝一般，4＝变得较好，5＝明显变好	1.00	5.00	3.639 5	0.781 2	＋
与邻村比较	1＝比邻村差得远，2＝不及邻村，3＝差不多，4＝比邻村稍好些，5＝远比邻村好	1.00	5.00	2.889 8	0.853 0	＋
供需状况						
政府重视程度	1＝很不重视，2＝不重视，3＝一般，4＝较重视，5＝很重视	1.00	5.00	3.055 1	0.994 3	＋
水价评价	1＝水价很低，2＝水价偏低，3＝水价合适，4＝水价较高，5＝水价很高	1.00	5.00	3.717 6	0.664 4	—
供水模式	1＝集中供水，2＝按需要分地区供水，3＝农户自行申请供水，4＝其他	1.00	4.00	2.019 5	0.871 9	＋

（续）

变量	变量定义	最小值	最大值	均值	标准差	预期作用方向
需求是否满足	0＝否，1＝是	0.00	1.00	1.219 0	0.435 1	＋
灌溉便利性	1＝很不便利，2＝不便利，3＝一般，4＝较便利，5＝很便利	1.00	5.00	3.544 6	0.890 2	＋
设施维护情况	1＝损坏严重，2＝损坏较大，3＝一般，4＝局部损坏，5＝无损坏	1.00	5.00	3.519 5	0.971 3	＋
设施管理情况	1＝很混乱，2＝混乱，3＝一般，4＝较好，5＝很好	1.00	5.00	3.136 0	0.840 6	＋

5.2　研究方法与理论模型

农户对农田水利设施供给满意度评价按照李克特量表，依次赋值为 5，4，3，2，1，分别表示农户对农田水利设施供给满意度的评价为：很满意、较满意、一般、不满意、很不满意，因此农户对农田水利设施满意度即被解释变量属于五分类有序的变量。基于被解释变量的类型以及自变量的数据特征，本研究采用有序 Logit 模型来评价影响农户农田水利设施供给满意度的主要因素。基本形式如下：

$$P(y＝y_i \mid X, \beta)＝P(y＝y_i \mid x_0, x_1, \cdots, x_k)$$

式中，y 有 0，1，2，$\cdots$，$m-1$ 共 m 个选择。

由于被解释变量 y 属于五分类有序变量，不符合线性回归模型的基本假设，普通线性回归会导致估计结果的严重偏误，因此，将实际观测的被解释变量 y_i 发生的概率作为潜在变量引入，用 y_i^* 表示，则 y_i^* 与解释变量 X 之间关系如下：

$$y_i^*＝X\beta＋\varepsilon_i$$

其中，β 为参数向量，ε_i 为相互独立且服从逻辑分布的随机误差向量。

假设 γ 代表农户对农田水利设施供给满意度显著差异的临界点，根据实际观测值的有序五分类特征，应设置 4 个临界点：即 γ_1，γ_2，γ_3，γ_4，其中 $\gamma_1 < \gamma_2 < \gamma_3 < \gamma_4$。于是，实际被解释变量 y_i 与潜在变量 y_i^* 之间的对应关系

如下：

$$y_i = \begin{cases} 1, & \text{如果 } y_i^* \leqslant \gamma_1 \\ 2, & \text{如果 } \gamma_1 < y_i^* \leqslant \gamma_2 \\ 3, & \text{如果 } \gamma_2 < y_i^* \leqslant \gamma_3 \\ 4, & \text{如果 } \gamma_3 < y_i^* \leqslant \gamma_4 \\ 5, & \text{如果 } y_i^* > \gamma_4 \end{cases}$$

假设 ε_i 的逻辑分布的累积概率函数为 $F(x)$，那么 y 取各个选择值（$y=1$，2，3，4，5）的概率分别表示为：

$$P(y_i = 1 | X) = F(\gamma_1 - X\beta)$$

$$P(y_i = 2 | X) = F(\gamma_2 - X\beta) - F(\gamma_1 - X\beta)$$

$$P(y_i = 3 | X) = F(\gamma_3 - X\beta) - F(\gamma_2 - X\beta)$$

$$P(y_i = 4 | X) = F(\gamma_4 - X\beta) - F(\gamma_3 - X\beta)$$

$$P(y_i = 5 | X) = 1 - F(\gamma_4 - X\beta)$$

本研究采用 MLE 的方法对有序 Logit 模型的参数进行估计。

进一步，利用 Stata 软件对 $P(y_i = 1)$ 和 $P(y_i = 5)$ 两个潜变量求返回实际观测值的偏导数，即：

$$\frac{\partial P(y_i = 1)}{\partial X} = -f(\gamma_1 - X\beta)\beta$$

$$\frac{\partial P(y_i = 5)}{\partial X} = f(\gamma_4 - X\beta)\beta$$

其中，$f(x)$ 为 ε_i 逻辑分布的累积概率函数 $F(x)$ 相对应的密度函数。由于解释变量 X 的偏回归系数并不等于实际观测值 y_i 与解释变量之间的真实偏导数，其中 $P(y_i = 1)$ 的变动随 X 变动方向与 β 的符号相反，而 $P(y_i = 5)$ 的变动随 X 变动方向与 β 的符号一致，但对于中间取值的变动与 β 之间的关系则无法得出确切方向。

基于此，本研究采用的 Logit 函数如下：

$$\text{Logit}\{P(Y \geqslant i | x)\} = \alpha + \sum \beta_i X_i + \varepsilon$$

其中，Y 表示农民对农田水利设施满意度的评价（1=很不好；2=不好；3=一般；4=较好；5=很好），X_i 表示影响农户对农田水利设施供给满意度评价的因素，β_i 是一组与 X_i 对应的回归系数，α 是模型的截距，ε 为随机误差项。

5.3　模型估计与分析

本书运用 Stata12.0 统计软件，对四组分组实地调查数据进行有序 Logit 回归分析，实证结果见表5-4。回归结果显示，四组分组模型的 Wald χ^2 检验的显著性水平均为 0.000，表明四组模型的拟合效果较为理想，解释变量的作用方向也基本符合预期。由表5-4可知，农户的基本灌溉需求是否满足、农田水利设施供给与邻村比较情况、农田水利设施灌溉的便利性、维护、管理情况对四组收入差异农户关于农田水利设施供给满意度评价都有重要影响。然而，考虑农户收入差异的影响，各影响因素对农户农田水利设施供给满意度评价的影响存在一定差异。

表 5-4　有序 Logit 模型估计结果

解释变量	无差异组		低差异组		中差异组		高差异组	
	系数	标准误	系数	标准误	系数	标准误	系数	标准误
常数项	−0.702*	0.409	0.244	0.344	−0.895**	0.365	−0.057	0.385
性别	−0.025	0.071	−0.096	0.063	−0.045	0.070	−0.117*	0.068
年龄	−0.034	0.040	−0.027	0.033	0.029	0.038	−0.009	0.041
是否村干部	0.268	0.258	−0.095	0.154	−0.037	0.182	−0.219	0.151
子女是否上学	−0.152**	0.073	−0.136**	0.062	−0.129*	0.069	−0.094	0.077
受教育程度	0.029	0.050	−0.024	0.047	0.032	0.053	0.047	0.048
近五年变化情况	0.138**	0.054	0.228***	0.050	0.163***	0.053	0.102	0.056
与邻村比较情况	0.358***	0.054	0.263***	0.042	0.207***	0.045	0.272*	0.048
政府重视程度	0.057	0.045	0.186***	0.038	0.231***	0.047	0.232***	0.047
水价评价	0.076	0.050	−0.057	0.049	0.074	0.048	−0.043***	0.054
供水模式	−0.003	0.041	−0.017	0.036	0.005	0.041	−0.011	0.039
需求是否满足	−0.246**	0.096	−0.280***	0.076	−0.198**	0.086	−0.288**	0.093
灌溉便利性	0.165***	0.043	0.098*	0.040	0.178***	0.045	0.230***	0.046
设施维护情况	0.177***	0.043	0.070*	0.040	0.185***	0.046	0.140***	0.041
设施管理情况	0.276***	0.052	0.239***	0.048	0.205***	0.054	0.164***	0.056

注：*、**、*** 分别表示在 10%、5%、1%水平上显著。

（1）农户特征对农户农田水利设施供给满意度评价的影响。四个实证模型估计结果表明，年龄、是否担任村干部和受教育程度等农户特征变量在四个实证模型中均不显著，这表明年龄、是否担任村干部和受教育程度对农户农田水利设施供给满意度评价的影响不大。性别对高农业收入差异组农户农田水利设施供给满意度评价具有负向影响，与预期作用方向相反，对其他农业收入差异组农户评价结果影响不大。可能的原因是，近年来，我国农田水利设施供给水平不断提高，农田灌溉不再是女性及年老者从事农业生产过程中的困难，然而务农男性普遍认为留守务农成本较高，收益低于外出务工，农业收入差异超过0.4以后尤为明显，进而导致农户对农田水利设施供给满意度评价越差。是否有子女上学对高农业收入差异组农户评价农田水利设施供给满意度影响不显著，对其他三组农户评价结果均有显著负向影响，但随着农户收入差异的扩大，影响逐渐变弱。可能的原因是，子女上学增加了家庭负担，导致农户对农业收入的依赖与期望增强，其对农田水利设施的要求也相应提高，进而会降低其对农田水利设施供给满意度的评价，随着农户收入差异扩大，农户更期望子女尽快工作，以缓解家庭负担，而收入差异超过0.4以后，子女是否上学对农户评价结果影响不再显著。

（2）发展变化情况对农户农田水利设施供给满意度评价的影响。近五年农田水利设施的变化情况对无、低、中农业收入差异组的农户评价有显著正影响，但对高收入差异组影响不显著。这说明农田水利设施状况与五年前相比，若得到较大的改善，能够满足农户的需求，那么农户对小型农田水利设施供给满意度评价较高。农户收入差异持续扩大超过0.4后，近五年农田水利设施供给状况是否变化对农户评价影响不再显著，可能的原因是，当农户收入差异过大时，农户对务农前景持不乐观态度，更加倾向外出务工，致使其对农业生产的依赖程度降低，其对农田水利设施供给满意度评价较为主观。农田水利设施与邻村比较情况对无、低、中农业收入差异组农户评价结果在1％水平上有显著正向影响，对高农业收入差异组农户评价结果在10％水平上有显著正向影响，并且随着农户收入差异扩大，影响逐渐变弱。这说明农田水利设施状况与邻村相比，若强于邻村，那么农户对农田水利设施供给满意度评价较高，这种影响随着农业收入差异的扩大逐渐变弱。造成这一现象的原因是，随着农业收入差异持续扩大，农户务农热情逐步降低。

（3）农田水利设施供需状况及分项评价对农户农田水利设施供给满意度评价的影响。水利管理部门重视程度对无差异组农户评价结果影响不显著，对低、中、高差异组的农户评价结果有显著影响，且随着农户收入差异扩大影响逐步加强。这说明随着农户收入差异的扩大，水利管理部门的重视程度越强，农户对农田水利设施供给满意度评价越高，可能的原因是，水利管理部门对农田水利设施重视程度提高，可以更好地根据农户需求意愿来提供公共产品。水价对无、低、中差异组农户评价结果没有显著影响，对高差异组农户评价结果在1%水平上有显著负向影响，说明随着水价的增高，农户对农田水利设施供给满意度评价降低。供水模式对四个组农户评价结果均没有显著影响，说明农户将能否完成灌溉作为第一要务，对于哪种供水模式没有特殊偏好。灌溉需求是否满足对四个组农户评价结果均有显著负向影响，可能的原因是，随着现代农业的发展，农民基本灌溉需求满足后，对农田水利设施有更高的要求，追求更加高效、节水的现代灌溉设施。农田水利设施灌溉的便利性、维护以及管理情况对四个组农户评价结果均有显著正向影响，说明农田水利设施灌溉的便利性、维护、管理情况好坏直接影响到灌溉的质量和效率，进而影响农户的评价。

5.4　小结

本章基于河南、宁夏、陕西3个省份1 456户微观农户数据，采用有序Logit模型，深入探析不同农业收入差异组农户对于农田水利设施供给满意度的评价及影响因素。得出的结论主要有以下几点。

第一，总体来看，农田水利设施供给满意度评价整体处于中等偏上水平，农户对农田水利设施供给满意度的评价有随着农户收入差异的扩大而提高的趋势，随着农业收入差异的扩大，农户对农田水利设施供给满意度评价为"一般"和"不好"的比重明显减弱。这表明，农户收入差异对农田水利设施供给满意度评价具有一定正向影响。

第二，从农户收入差异分组来看，农户的基本灌溉需求是否满足、农田水利设施供给与邻村比较情况、农田水利设施灌溉的便利性、维护、管理情况是影响四组收入差异农户关于农田水利设施供给满意度评价的共同因素，其他因素的影响存在差异。

第三，随着农户收入差异的扩大，影响农户农田水利设施供给满意度评价的因素逐步增多。农户收入差异体现了农户个体在农业生产中的异质性，其异质性程度越高，在对农田水利设施供给满意度评价过程中，农户个体偏好越明显。

第六章

农户收入差异视角下的农田水利
设施供给效果综合评价

农田水利设施作为农村最重要的生产性公共产品之一，在农业生产中发挥了重要作用，对保障粮食安全、增加农民收入、促进农村经济社会可持续发展和保持社会稳定方面发挥着重要的作用（Barrios，2008；朱红根，2010；刘石成，2011；王广深，2013；董海峰，2013；张建伟，2013）。新中国成立之初，大量的农田水利设施以政府投资、农民投劳的方式得以修建，对促进农业生产和经济发展发挥了重要作用。家庭联产承包责任制后，随着农业生产转型的全面推进，农业生产方式和生产结构的调整对农田水利设施供给提出了更高的要求。农田水利设施原有的集体管理已不适应农户分散经营模式，导致农田水利设施出现了产权不明晰、管理混乱、维护不及时等问题。然而，目前大多数农田水利设施为新中国成立初期修建，受限于当时的资金与技术条件，普遍存在建设标准低，配套设施不完善。随着几十年的使用，大部分设施老化失修，损毁严重，不能在农业生产中发挥正常功效。农田水利设施作为农村最重要的生产性公共产品之一，如何改善其供给现状、提升供给效果成为政府亟待解决的问题。

然而在农村，随着农户收入差异的扩大，不同农业收入水平农户对农田水利设施供给的需求存在明显的目标差异和心理偏好差异，致使农户对农田水利设施供给效果的感受和评价存在显著差别。因此，基于农户收入差异视角，注重农户个体对农田水利设施供给的满意度评价，结合客观供给水平来评价农田水利设施供给效果，不仅有利于我国政府推进农田水利设施公共服务均等化，而且能促进农业生产转型。

近年来，国内外学者对农田水利设施等公共产品供给问题开展了广泛而深入的研究。农村公共产品供给效果，既包括物质性效果，也包括精神性效果，即公共产品受众的感觉效果（李燕凌，2008），而满意度是衡量农户感知程度最重要的指标。如何从农户的角度评估农田水利设施供给在农村发展中发挥的作用，并进一步提高其功效，需要建立以农户为中心的农田水利设施建设体制，运用科学的方法测评农户满意度（唐娟莉，2013）。研究农户对农田水利设施供给满意度，对于提高农田水利设施供给效率，优化农田水利设施资源配置具有重要现实意义。有研究表明，农田水利设施是农民最为关心和需要的，但供给满意度却是最低的一项农村生产性公共产品（夏峰，2008）。原因在于，政府在建设农田水利设施时，没有充分考虑农户的农田水利设施需求偏好。孔祥智、涂胜伟（2006）运用 Logit 模型分析得出，农户对农田水利设施需求偏好因农户个体特征的不同而存在差异，进而导致农户个体层面对农田水利设施供给效果的评价，通过需求偏好的反应带有明显的收入差异的印迹。王蕾（2014）研究发现，农户农业收入水平与农田水利设施供给效果评价并非同步提高，农户农业收入水平对农田水利设施供给效果产生了负向影响，农业收入水平越高，农田水利设施供给效果评价越差。

国内外学者从不同的角度对农田水利设施供给问题进行了探讨，其研究方法和结论对本书的研究具有重要的启发和借鉴意义。然而，基于农户收入差异视角的农田水利设施供给效果研究出现空白。以往的研究虽然已经关注村庄层面的因素对农田水利设施供给效果的影响，但学者惯用 Logit 模型、Probit 模型、线性非效率模型等研究方法（朱玉春等，2011；张宁等，2012），未能针对具有明显层次性的因素如何影响农田水利设施供给效果进行研究。因此，本研究在考虑农户收入差异的前提下，采用分层线性模型，考虑村庄与农户两个层面的影响因素，探索村庄层因素与农户层因素如何影响农田水利设施供给效果。

6.1　农田水利设施供给效果分析

在前人研究基础上，本书从农田水利设施供给客观效果（农田水利设施供给水平）和主观效果（农户个体结合农田水利设施供给现状和自身需求意愿所做出的满意度评价）两个维度探究农田水利设施供给综合效果，具体表述如下。

6.1.1 农田水利设施供给效果客观指标

农田水利设施供给水平作为农田水利设施供给的客观效果，直接影响农业生产产出效益。表 6-1 的结果显示，调查的三个地区的农田水利设施的供给水平总体得分值为 −0.000 34，低于平均水平。三个省（自治区）差异较大，宁夏的农田水利设施供给水平最高，综合得分值为 0.065；其次是陕西省，综合得分值为 −0.01；河南省排名最后，综合得分值仅为 −0.056。纵向比较结果显示，三个地区的平均得分中基础性供给能力因子、保障性供给能力因子及技术性供给能力因子得分分别为 0.003、0.001 和 0.000 02，超过平均水平，而社会性供给能力的平均得分为负值，低于平均水平。在三个地区的基础性供给能力因子中，只有宁夏的基础性供给能力因子得分超过平均水平，达到 0.56，河南的基础性供给能力因子得分值为 −0.16，低于平均水平；陕西的基础性供给能力因子得分最低，仅为 −0.4。在三个地区的技术性供给能力因子中，陕西在技术性供给能力因子中的得分值超过了平均水平，为 0.91；河南的技术性供给能力因子得分低于平均水平，为 −0.18；宁夏的技术性供给能力情况最差，因子得分仅为 −0.73。在三个地区的保障性供给能力因子中，只有宁夏的得分值为正值，超过平均水平，河南与陕西的得分值均为负值，河南较陕西情况更差些，得分仅为 −0.49。在三

表 6-1 农田水利设施供给效果客观指标

省份	市（区）	县	基础性供给能力因子		技术性供给能力因子		保障性供给能力因子		社会性供给能力因子		农田水利供给整体水平	
陕西	宝鸡	眉县	−0.48		0.74		0.32		−0.43		−0.043	
	渭南	富平	−0.35	−0.40	1.07	0.91	0.06	−0.02	−0.25	−0.35	0.083	−0.01
	咸阳	礼泉	−0.36		0.92		−0.43		−0.38		−0.070	
宁夏	石嘴山	平罗	0.39		−0.70		0.10		−0.45		−0.059	
	吴忠	青铜峡	−0.06	0.56	−1.03	−0.73	0.77	0.50	−0.43	−0.52	−0.200	0.065
	银川	贺兰	1.35		−0.45		0.64		−0.70		0.455	
河南	开封	开封	0.11		−0.42		−0.76		1.28		0.013	
	开封	兰考	−0.46	−0.16	−0.24	−0.18	−0.22	−0.49	0.33	0.87	−0.233	−0.056
	新乡	封丘	−0.12		0.12		−0.48		1.01		0.054	
	综合得分		0.003		0.001		0.000 02		−0.001		−0.000 3	

个地区的社会性供给能力因子中，河南的社会性供给能力因子得分值最高，为0.87，陕西和宁夏两个地区的得分值较低，且均低于平均水平。横向比较发现，三个地区的各因子得分差异较大，宁夏在基础性供给能力和保障性供给能力两方面高于平均水平，技术性和社会性供给能力较低拖累了农田水利设施供给整体水平的提高。陕西在农田水利设施供给水平评价中，技术性供给能力因子得分值较高，为0.91，其他因子得分值均为负值，基础性和社会性供给能力较低制约了农田水利设施供给整体水平的提高；河南在农田水利设施供给水平评价中，社会性供给能力因子得分值较高，为0.87，其他因子的供给能力较低，基础性和保障性供给能力严重不足，整体上落后于陕西和宁夏地区。

6.1.2　农田水利设施供给效果主观指标

农户对农田水利设施供给满意度评价作为农田水利设施供给的主观效果，直接影响农户对农田水利设施供给的需求表达，是公共政策目标能否实现的重要表征。表6-2的结果显示，在调查的三个地区中，43.89%的农户对农田水利设施供给较满意，5.02%的农户认为很满意，30.26%的农户处于中间状态，19.04%的农户不满意，仅有5.37%的农户很不满意。这说明，农田水利设施供给能在一定程度上很好地满足农户需求，但尚未达到农户的理想预期，农田水利设施的供给有待提高。纵向比较结果显示，在三个地区中，评价很满意的农户比例宁夏最高，为6.67%，其次为陕西，3.75%，河南最低，仅为2.82%；评价较满意的农户比例宁夏远高于陕西与河南，为60%，其次为陕西，42.92%，河南最低，仅为29.23%；评价一般的农户比例河南最高，为34.48%，其次为陕西，23.54%，宁夏最低，仅为16.46；评价不满意的农户比例河南与陕西差距不大且远高于宁夏，分别为28.02%和25.21%，宁夏最低，仅为12.71%；评价很不满意的农户比例河南最高，为5.44%，其次为陕西，4.58%，宁夏最低，为4.17%。横向比较发现，评价为很满意、较满意、一般、不满意与很不满意的农户比例在三个地区差异较大。陕西地区评价较满意的农户比例最高，为42.92%；其次为评价不满意和一般的比例，二者差异不大，分别为25.21%和23.54%，评价为很满意的农户比例高于评价很不满意的农户比例，分别为4.58%和3.75%。宁夏地区评价较满意的农户比例最高，为60%，评价为一般和不满意的农户比例分别为 16.46％和 12.71％，评价为很满意的农户比例为 6.67％，评价为很不满意的农户比例最低，仅为 4.17％。河南地区评价一般的农户比例最高，为 34.48％，评价较满意和不满意的农户比例几乎持平，分别为 29.23％和 28.02％，评价很不满意的农户比例为 5.44％，评价很满意的农户比例最低，仅为 2.82％。

表 6-2　农田水利设施供给效果主观指标

省份	市（区）	县	很满意		较满意		一般		不满意		很不满意	
			频数	百分比	频数	百分比	频数	百分比	频数	百分比	频数	百分比
陕西	宝鸡	眉县	8	5.00％	68	42.50％	40	25.00％	39	24.38％	5	3.13％
	渭南	富平	4	2.50％	69	43.13％	44	27.50％	40	25.00％	3	1.88％
	咸阳	礼泉	6	3.75％	69	43.13％	29	18.13％	42	26.25％	14	8.75％
	合计		18	3.75％	206	42.92％	113	23.54％	121	25.21％	22	4.58％
宁夏	石嘴山	平罗	6	3.75％	91	56.88％	34	21.25％	22	13.75％	7	4.38％
	吴忠	青铜峡	11	6.88％	96	60.00％	26	16.25％	19	11.88％	8	5.00％
	银川	贺兰	15	9.38％	101	63.13％	19	11.88％	20	12.50％	5	3.13％
	合计		32	6.67％	288	60.00％	79	16.46％	61	12.71％	20	4.17％
河南	开封	开封	1	0.63％	49	30.63％	52	32.50％	52	32.50％	6	3.75％
	开封	兰考	2	1.14％	27	15.34％	77	43.75％	53	30.11％	17	9.66％
	新乡	封丘	11	6.88％	69	43.13％	42	26.25％	34	21.25％	4	2.50％
	合计		14	2.82％	145	29.23％	171	34.48％	139	28.02％	27	5.44％
总体			64	4.40％	639	43.89％	363	24.93％	321	22.05％	69	4.74％

6.1.3　农田水利设施供给效果综合指标

综上所述，调查的三个地区农田水利设施供给水平偏低，农户对农田水利设施供给的满意度尚未达到政策目标，农田水利设施供给效果有待进一步提升。农田水利设施供给的客观效果与主观效果两者相辅相成，缺一不可，局限于其中一方面的供给效果研究，会降低供给效果评价的准确性。因此，本章首先使用 min-max 标准化处理法对农田水利设施供给水平及农户满意度进行标准化处理，计算公式为 $y_i = \dfrac{x_i - \min x_i}{\max x_i - \min x_i}$，使其取值均在 0～1 范围内，然后取两者的平均值来表征农田水利设施的供给效果。结果如表 6-3 所示。

表 6 - 3 农田水利设施供给效果综合指标

农户序号	供给效果	农户序号	供给效果	农户序号	供给效果	农户序号	供给效果
1	0.25	32	0.44	63	0.36	94	0.24
2	0.25	33	0.33	64	0.24	95	0.37
3	0.38	34	0.33	65	0.36	96	0.37
4	0.25	35	0.08	66	0.11	97	0.24
5	0.25	36	0.21	67	0.11	98	0.24
6	0.25	37	0.08	68	0.36	99	0.24
7	0.25	38	0.33	69	0.24	100	0.12
8	0.25	39	0.21	70	0.36	101	0.25
9	0.27	40	0.33	71	0.24	102	0.37
10	0.27	41	0.36	72	0.36	103	0.37
11	0.27	42	0.36	73	0.24	104	0.37
12	0.27	43	0.36	74	0.24	105	0.37
13	0.27	44	0.23	75	0.37	106	0.25
14	0.27	45	0.23	76	0.12	107	0.37
15	0.27	46	0.48	77	0.24	108	0.37
16	0.27	47	0.36	78	0.37	109	0.50
17	0.42	48	0.36	79	0.37	110	0.25
18	0.29	49	0.11	80	0.37	111	0.50
19	0.17	50	0.36	81	0.24	112	0.50
20	0.42	51	0.11	82	0.37	113	0.37
21	0.29	52	0.24	83	0.12	114	0.25
22	0.42	53	0.24	84	0.24	115	0.50
23	0.17	54	0.24	85	0.49	116	0.25
24	0.29	55	0.24	86	0.49	117	0.25
25	0.44	56	0.36	87	0.37	118	0.25
26	0.44	57	0.36	88	0.49	119	0.38
27	0.56	58	0.24	89	0.37	120	0.25
28	0.44	59	0.36	90	0.37	121	0.50
29	0.56	60	0.24	91	0.12	122	0.13
30	0.31	61	0.61	92	0.24	123	0.13
31	0.31	62	0.24	93	0.12	124	0.38

（续）

农户序号	供给效果	农户序号	供给效果	农户序号	供给效果	农户序号	供给效果
125	0.13	156	0.38	187	0.39	218	0.52
126	0.38	157	0.51	188	0.39	219	0.27
127	0.26	158	0.38	189	0.39	220	0.39
128	0.13	159	0.63	190	0.51	221	0.39
129	0.26	160	0.51	191	0.26	222	0.39
130	0.26	161	0.51	192	0.39	223	0.39
131	0.38	162	0.51	193	0.26	224	0.39
132	0.51	163	0.51	194	0.26	225	0.27
133	0.38	164	0.38	195	0.39	226	0.39
134	0.38	165	0.38	196	0.26	227	0.39
135	0.38	166	0.63	197	0.51	228	0.39
136	0.26	167	0.63	198	0.26	229	0.27
137	0.26	168	0.63	199	0.26	230	0.27
138	0.26	169	0.39	200	0.26	231	0.39
139	0.26	170	0.26	201	0.39	232	0.27
140	0.38	171	0.26	202	0.39	233	0.39
141	0.51	172	0.39	203	0.39	234	0.27
142	0.38	173	0.39	204	0.26	235	0.27
143	0.26	174	0.51	205	0.39	236	0.27
144	0.26	175	0.26	206	0.51	237	0.52
145	0.38	176	0.39	207	0.39	238	0.27
146	0.38	177	0.51	208	0.51	239	0.39
147	0.51	178	0.64	209	0.39	240	0.39
148	0.51	179	0.64	210	0.51	241	0.27
149	0.51	180	0.51	211	0.39	242	0.52
150	0.38	181	0.51	212	0.51	243	0.52
151	0.38	182	0.26	213	0.39	244	0.39
152	0.38	183	0.51	214	0.52	245	0.39
153	0.26	184	0.51	215	0.52	246	0.52
154	0.38	185	0.39	216	0.14	247	0.27
155	0.51	186	0.14	217	0.27	248	0.52

（续）

农户序号	供给效果	农户序号	供给效果	农户序号	供给效果	农户序号	供给效果
249	0.52	280	0.40	311	0.28	342	0.54
250	0.52	281	0.52	312	0.28	343	0.54
251	0.64	282	0.52	313	0.40	344	0.29
252	0.52	283	0.52	314	0.40	345	0.54
253	0.39	284	0.40	315	0.53	346	0.41
254	0.27	285	0.52	316	0.40	347	0.54
255	0.52	286	0.40	317	0.53	348	0.54
256	0.39	287	0.52	318	0.28	349	0.54
257	0.39	288	0.52	319	0.53	350	0.54
258	0.39	289	0.52	320	0.53	351	0.41
259	0.27	290	0.27	321	0.53	352	0.54
260	0.27	291	0.52	322	0.53	353	0.67
261	0.14	292	0.15	323	0.53	354	0.54
262	0.27	293	0.27	324	0.41	355	0.54
263	0.39	294	0.52	325	0.28	356	0.54
264	0.27	295	0.27	326	0.53	357	0.67
265	0.40	296	0.40	327	0.53	358	0.54
266	0.40	297	0.27	328	0.28	359	0.42
267	0.40	298	0.40	329	0.53	360	0.54
268	0.40	299	0.52	330	0.53	361	0.42
269	0.52	300	0.27	331	0.41	362	0.29
270	0.52	301	0.52	332	0.28	363	0.54
271	0.52	302	0.27	333	0.28	364	0.17
272	0.52	303	0.40	334	0.28	365	0.54
273	0.52	304	0.27	335	0.53	366	0.54
274	0.27	305	0.15	336	0.53	367	0.54
275	0.27	306	0.40	337	0.41	368	0.54
276	0.52	307	0.40	338	0.41	369	0.55
277	0.40	308	0.40	339	0.41	370	0.30
278	0.27	309	0.28	340	0.54	371	0.30
279	0.52	310	0.28	341	0.54	372	0.55

（续）

农户序号	供给效果	农户序号	供给效果	农户序号	供给效果	农户序号	供给效果
373	0.55	404	0.55	435	0.32	466	0.35
374	0.42	405	0.30	436	0.45	467	0.35
375	0.30	406	0.55	437	0.57	468	0.60
376	0.42	407	0.55	438	0.32	469	0.60
377	0.67	408	0.55	439	0.45	470	0.35
378	0.55	409	0.31	440	0.20	471	0.48
379	0.55	410	0.31	441	0.33	472	0.60
380	0.55	411	0.56	442	0.58	473	0.40
381	0.42	412	0.31	443	0.58	474	0.52
382	0.55	413	0.31	444	0.45	475	0.65
383	0.55	414	0.31	445	0.33	476	0.52
384	0.55	415	0.31	446	0.45	477	0.27
385	0.55	416	0.31	447	0.20	478	0.65
386	0.30	417	0.31	448	0.20	479	0.52
387	0.55	418	0.31	449	0.58	480	0.40
388	0.68	419	0.43	450	0.46	481	0.54
389	0.43	420	0.31	451	0.33	482	0.42
390	0.55	421	0.56	452	0.46	483	0.42
391	0.55	422	0.56	453	0.33	484	0.29
392	0.30	423	0.43	454	0.46	485	0.67
393	0.55	424	0.43	455	0.46	486	0.54
394	0.55	425	0.31	456	0.58	487	0.42
395	0.30	426	0.44	457	0.47	488	0.54
396	0.55	427	0.44	458	0.47	489	0.43
397	0.30	428	0.44	459	0.59	490	0.56
398	0.55	429	0.31	460	0.34	491	0.43
399	0.30	430	0.56	461	0.34	492	0.56
400	0.55	431	0.56	462	0.22	493	0.43
401	0.30	432	0.44	463	0.47	494	0.43
402	0.30	433	0.45	464	0.59	495	0.56
403	0.55	434	0.45	465	0.35	496	0.68

（续）

农户序号	供给效果	农户序号	供给效果	农户序号	供给效果	农户序号	供给效果
497	0.18	528	0.47	559	0.35	590	0.11
498	0.30	529	0.47	560	0.22	591	0.24
499	0.43	530	0.60	561	0.48	592	0.36
500	0.18	531	0.47	562	0.48	593	0.49
501	0.43	532	0.47	563	0.35	594	0.36
502	0.43	533	0.47	564	0.35	595	0.49
503	0.05	534	0.35	565	0.23	596	0.49
504	0.43	535	0.60	566	0.48	597	0.49
505	0.44	536	0.60	567	0.48	598	0.49
506	0.32	537	0.22	568	0.48	599	0.49
507	0.44	538	0.47	569	0.48	600	0.24
508	0.19	539	0.10	570	0.48	601	0.49
509	0.44	540	0.22	571	0.48	602	0.24
510	0.44	541	0.47	572	0.48	603	0.49
511	0.44	542	0.60	573	0.48	604	0.49
512	0.44	543	0.10	574	0.48	605	0.11
513	0.20	544	0.10	575	0.48	606	0.49
514	0.20	545	0.47	576	0.48	607	0.11
515	0.45	546	0.47	577	0.35	608	0.36
516	0.33	547	0.47	578	0.35	609	0.24
517	0.20	548	0.47	579	0.23	610	0.24
518	0.33	549	0.47	580	0.48	611	0.49
519	0.20	550	0.47	581	0.48	612	0.61
520	0.33	551	0.47	582	0.48	613	0.49
521	0.47	552	0.35	583	0.48	614	0.49
522	0.47	553	0.47	584	0.48	615	0.24
523	0.47	554	0.47	585	0.36	616	0.49
524	0.47	555	0.22	586	0.24	617	0.49
525	0.47	556	0.22	587	0.24	618	0.49
526	0.34	557	0.60	588	0.11	619	0.61
527	0.34	558	0.47	589	0.11	620	0.61

（续）

农户序号	供给效果	农户序号	供给效果	农户序号	供给效果	农户序号	供给效果
621	0.61	652	0.37	683	0.37	714	0.37
622	0.49	653	0.37	684	0.37	715	0.25
623	0.49	654	0.49	685	0.37	716	0.50
624	0.49	655	0.49	686	0.37	717	0.25
625	0.49	656	0.49	687	0.37	718	0.25
626	0.36	657	0.49	688	0.50	719	0.50
627	0.49	658	0.49	689	0.37	720	0.50
628	0.49	659	0.24	690	0.50	721	0.38
629	0.49	660	0.49	691	0.62	722	0.38
630	0.49	661	0.37	692	0.50	723	0.38
631	0.36	662	0.49	693	0.50	724	0.38
632	0.49	663	0.49	694	0.25	725	0.50
633	0.11	664	0.25	695	0.50	726	0.50
634	0.49	665	0.37	696	0.37	727	0.50
635	0.49	666	0.37	697	0.50	728	0.50
636	0.49	667	0.50	698	0.37	729	0.63
637	0.24	668	0.25	699	0.25	730	0.50
638	0.36	669	0.50	700	0.62	731	0.50
639	0.49	670	0.50	701	0.37	732	0.38
640	0.49	671	0.50	702	0.37	733	0.50
641	0.49	672	0.37	703	0.50	734	0.50
642	0.62	673	0.37	704	0.50	735	0.25
643	0.12	674	0.50	705	0.25	736	0.38
644	0.12	675	0.50	706	0.25	737	0.38
645	0.49	676	0.37	707	0.50	738	0.50
646	0.49	677	0.12	708	0.50	739	0.50
647	0.49	678	0.50	709	0.12	740	0.50
648	0.49	679	0.50	710	0.37	741	0.38
649	0.49	680	0.25	711	0.25	742	0.50
650	0.37	681	0.50	712	0.25	743	0.38
651	0.49	682	0.50	713	0.37	744	0.38

（续）

农户序号	供给效果	农户序号	供给效果	农户序号	供给效果	农户序号	供给效果
745	0.50	776	0.51	807	0.40	838	0.30
746	0.50	777	0.51	808	0.54	839	0.18
747	0.50	778	0.51	809	0.54	840	0.55
748	0.50	779	0.26	810	0.54	841	0.55
749	0.50	780	0.51	811	0.54	842	0.30
750	0.50	781	0.26	812	0.54	843	0.55
751	0.50	782	0.39	813	0.66	844	0.30
752	0.51	783	0.26	814	0.54	845	0.55
753	0.51	784	0.52	815	0.54	846	0.68
754	0.51	785	0.52	816	0.54	847	0.55
755	0.38	786	0.52	817	0.54	848	0.55
756	0.51	787	0.52	818	0.54	849	0.55
757	0.63	788	0.39	819	0.29	850	0.55
758	0.51	789	0.52	820	0.54	851	0.68
759	0.51	790	0.64	821	0.41	852	0.55
760	0.51	791	0.52	822	0.54	853	0.55
761	0.13	792	0.53	823	0.54	854	0.55
762	0.51	793	0.53	824	0.17	855	0.55
763	0.26	794	0.40	825	0.55	856	0.55
764	0.13	795	0.53	826	0.55	857	0.55
765	0.51	796	0.53	827	0.55	858	0.55
766	0.51	797	0.53	828	0.55	859	0.55
767	0.51	798	0.53	829	0.55	860	0.68
768	0.39	799	0.65	830	0.55	861	0.55
769	0.51	800	0.53	831	0.67	862	0.55
770	0.51	801	0.53	832	0.43	863	0.68
771	0.26	802	0.53	833	0.30	864	0.31
772	0.39	803	0.53	834	0.30	865	0.56
773	0.39	804	0.53	835	0.43	866	0.43
774	0.51	805	0.53	836	0.30	867	0.56
775	0.51	806	0.53	837	0.30	868	0.43

（续）

农户序号	供给效果	农户序号	供给效果	农户序号	供给效果	农户序号	供给效果
869	0.56	900	0.35	931	0.64	962	0.61
870	0.56	901	0.60	932	0.64	963	0.61
871	0.43	902	0.60	933	0.64	964	0.61
872	0.57	903	0.60	934	0.64	965	0.61
873	0.57	904	0.63	935	0.64	966	0.73
874	0.57	905	0.63	936	0.53	967	0.61
875	0.57	906	0.63	937	0.66	968	0.88
876	0.57	907	0.63	938	0.78	969	0.88
877	0.57	908	0.75	939	0.66	970	0.88
878	0.57	909	0.63	940	0.53	971	0.88
879	0.57	910	0.63	941	0.66	972	0.88
880	0.57	911	0.63	942	0.66	973	0.88
881	0.45	912	0.64	943	0.66	974	0.88
882	0.57	913	0.76	944	0.88	975	0.88
883	0.70	914	0.64	945	0.76	976	0.45
884	0.45	915	0.64	946	0.76	977	0.20
885	0.70	916	0.76	947	0.63	978	0.20
886	0.45	917	0.64	948	0.76	979	0.33
887	0.57	918	0.64	949	0.76	980	0.58
888	0.60	919	0.64	950	0.76	981	0.20
889	0.47	920	0.64	951	0.76	982	0.45
890	0.60	921	0.64	952	0.40	983	0.20
891	0.72	922	0.64	953	0.53	984	0.20
892	0.60	923	0.64	954	0.53	985	0.33
893	0.60	924	0.64	955	0.53	986	0.45
894	0.47	925	0.64	956	0.78	987	0.08
895	0.60	926	0.76	957	0.65	988	0.20
896	0.60	927	0.76	958	0.40	989	0.33
897	0.35	928	0.64	959	0.78	990	0.45
898	0.60	929	0.64	960	0.73	991	0.33
899	0.48	930	0.64	961	0.73	992	0.46

（续）

农户序号	供给效果	农户序号	供给效果	农户序号	供给效果	农户序号	供给效果
993	0.46	1024	0.21	1055	0.50	1086	0.26
994	0.34	1025	0.21	1056	0.50	1087	0.39
995	0.46	1026	0.34	1057	0.50	1088	0.39
996	0.46	1027	0.21	1058	0.37	1089	0.26
997	0.46	1028	0.21	1059	0.37	1090	0.26
998	0.46	1029	0.34	1060	0.25	1091	0.26
999	0.46	1030	0.34	1061	0.25	1092	0.39
1000	0.46	1031	0.21	1062	0.25	1093	0.26
1001	0.34	1032	0.11	1063	0.37	1094	0.26
1002	0.21	1033	0.24	1064	0.25	1095	0.26
1003	0.21	1034	0.49	1065	0.38	1096	0.14
1004	0.21	1035	0.24	1066	0.38	1097	0.51
1005	0.34	1036	0.11	1067	0.25	1098	0.51
1006	0.46	1037	0.24	1068	0.25	1099	0.51
1007	0.21	1038	0.11	1069	0.50	1100	0.51
1008	0.34	1039	0.49	1070	0.25	1101	0.51
1009	0.34	1040	0.49	1071	0.50	1102	0.64
1010	0.34	1041	0.36	1072	0.50	1103	0.51
1011	0.46	1042	0.49	1073	0.38	1104	0.51
1012	0.46	1043	0.24	1074	0.38	1105	0.52
1013	0.21	1044	0.49	1075	0.38	1106	0.52
1014	0.34	1045	0.49	1076	0.26	1107	0.52
1015	0.46	1046	0.49	1077	0.38	1108	0.52
1016	0.21	1047	0.49	1078	0.51	1109	0.52
1017	0.46	1048	0.49	1079	0.13	1110	0.64
1018	0.21	1049	0.50	1080	0.38	1111	0.52
1019	0.21	1050	0.37	1081	0.39	1112	0.64
1020	0.21	1051	0.37	1082	0.64	1113	0.52
1021	0.34	1052	0.50	1083	0.51	1114	0.52
1022	0.21	1053	0.50	1084	0.26	1115	0.52
1023	0.34	1054	0.50	1085	0.51	1116	0.52

（续）

农户序号	供给效果	农户序号	供给效果	农户序号	供给效果	农户序号	供给效果
1117	0.52	1148	0.52	1179	0.41	1210	0.29
1118	0.64	1149	0.40	1180	0.28	1211	0.41
1119	0.52	1150	0.52	1181	0.41	1212	0.41
1120	0.52	1151	0.40	1182	0.16	1213	0.54
1121	0.39	1152	0.40	1183	0.41	1214	0.41
1122	0.39	1153	0.53	1184	0.41	1215	0.54
1123	0.39	1154	0.53	1185	0.66	1216	0.29
1124	0.27	1155	0.53	1186	0.53	1217	0.29
1125	0.27	1156	0.53	1187	0.53	1218	0.29
1126	0.39	1157	0.53	1188	0.28	1219	0.29
1127	0.27	1158	0.65	1189	0.53	1220	0.54
1128	0.27	1159	0.40	1190	0.53	1221	0.54
1129	0.39	1160	0.53	1191	0.53	1222	0.54
1130	0.39	1161	0.28	1192	0.66	1223	0.54
1131	0.14	1162	0.41	1193	0.53	1224	0.41
1132	0.52	1163	0.28	1194	0.53	1225	0.29
1133	0.52	1164	0.41	1195	0.53	1226	0.29
1134	0.27	1165	0.53	1196	0.53	1227	0.29
1135	0.27	1166	0.41	1197	0.53	1228	0.16
1136	0.52	1167	0.41	1198	0.53	1229	0.16
1137	0.27	1168	0.41	1199	0.53	1230	0.41
1138	0.27	1169	0.28	1200	0.41	1231	0.29
1139	0.15	1170	0.53	1201	0.54	1232	0.29
1140	0.40	1171	0.53	1202	0.54	1233	0.41
1141	0.27	1172	0.41	1203	0.54	1234	0.54
1142	0.15	1173	0.53	1204	0.54	1235	0.54
1143	0.40	1174	0.53	1205	0.54	1236	0.29
1144	0.27	1175	0.53	1206	0.41	1237	0.41
1145	0.27	1176	0.53	1207	0.54	1238	0.54
1146	0.27	1177	0.28	1208	0.54	1239	0.54
1147	0.40	1178	0.28	1209	0.29	1240	0.54

（续）

农户序号	供给效果	农户序号	供给效果	农户序号	供给效果	农户序号	供给效果
1241	0.54	1272	0.54	1303	0.55	1334	0.55
1242	0.42	1273	0.42	1304	0.55	1335	0.18
1243	0.54	1274	0.54	1305	0.30	1336	0.30
1244	0.54	1275	0.29	1306	0.30	1337	0.55
1245	0.54	1276	0.42	1307	0.30	1338	0.30
1246	0.54	1277	0.54	1308	0.42	1339	0.55
1247	0.54	1278	0.42	1309	0.30	1340	0.55
1248	0.54	1279	0.29	1310	0.55	1341	0.30
1249	0.29	1280	0.54	1311	0.42	1342	0.55
1250	0.42	1281	0.55	1312	0.30	1343	0.55
1251	0.17	1282	0.17	1313	0.42	1344	0.55
1252	0.42	1283	0.30	1314	0.55	1345	0.30
1253	0.42	1284	0.55	1315	0.30	1346	0.43
1254	0.29	1285	0.30	1316	0.30	1347	0.43
1255	0.42	1286	0.17	1317	0.55	1348	0.30
1256	0.17	1287	0.42	1318	0.42	1349	0.55
1257	0.54	1288	0.55	1319	0.55	1350	0.30
1258	0.42	1289	0.55	1320	0.55	1351	0.55
1259	0.54	1290	0.55	1321	0.30	1352	0.68
1260	0.29	1291	0.55	1322	0.55	1353	0.55
1261	0.29	1292	0.55	1323	0.68	1354	0.55
1262	0.67	1293	0.55	1324	0.55	1355	0.55
1263	0.42	1294	0.42	1325	0.55	1356	0.55
1264	0.54	1295	0.55	1326	0.30	1357	0.55
1265	0.67	1296	0.30	1327	0.55	1358	0.55
1266	0.54	1297	0.55	1328	0.55	1359	0.43
1267	0.42	1298	0.30	1329	0.43	1360	0.55
1268	0.42	1299	0.55	1330	0.18	1361	0.30
1269	0.54	1300	0.42	1331	0.30	1362	0.55
1270	0.54	1301	0.55	1332	0.30	1363	0.30
1271	0.54	1302	0.55	1333	0.55	1364	0.55

（续）

农户序号	供给效果	农户序号	供给效果	农户序号	供给效果	农户序号	供给效果
1365	0.30	1388	0.43	1411	0.57	1434	0.46
1366	0.55	1389	0.31	1412	0.44	1435	0.46
1367	0.43	1390	0.56	1413	0.44	1436	0.46
1368	0.43	1391	0.43	1414	0.32	1437	0.58
1369	0.43	1392	0.43	1415	0.44	1438	0.33
1370	0.43	1393	0.44	1416	0.44	1439	0.33
1371	0.43	1394	0.31	1417	0.57	1440	0.33
1372	0.56	1395	0.44	1418	0.45	1441	0.59
1373	0.31	1396	0.56	1419	0.57	1442	0.34
1374	0.56	1397	0.31	1420	0.70	1443	0.22
1375	0.31	1398	0.56	1421	0.70	1444	0.59
1376	0.31	1399	0.56	1422	0.70	1445	0.22
1377	0.56	1400	0.56	1423	0.45	1446	0.59
1378	0.18	1401	0.56	1424	0.70	1447	0.47
1379	0.31	1402	0.56	1425	0.58	1448	0.59
1380	0.56	1403	0.31	1426	0.58	1449	0.34
1381	0.56	1404	0.44	1427	0.58	1450	0.59
1382	0.43	1405	0.44	1428	0.58	1451	0.34
1383	0.18	1406	0.44	1429	0.58	1452	0.59
1384	0.31	1407	0.56	1430	0.45	1453	0.59
1385	0.56	1408	0.31	1431	0.70	1454	0.59
1386	0.56	1409	0.32	1432	0.58	1455	0.34
1387	0.56	1410	0.57	1433	0.33	1456	0.59

6.2 数据说明和变量选择

6.2.1 调查概况

本章分析所需要数据来源于 2014 年 7—8 月实地问卷调查及与村委会主任等相关人员的访谈。此次调查范围涉及河南、宁夏、陕西 3 个省（自治区）9 个市（县）。调研采取随机走访的方式进行，分别走访了 3 省份经济发达、中等和落后的 9 个市（县），每个市（县）按照经济发展水平随机抽取 4 个乡镇，每个乡镇随机选取 5 个自然村，再在每个抽样的自然村中随机选取 8~10 个农户进行随机调查与访谈。为了保障问卷的全面性以及开展后续研究的需要，在村庄级问卷设计中，涉及了村庄基本信息、农田水利设施供给情况等方面的问题；在农户级问卷设计中，涉及了主要包括农户基本信息、农田水利设施评价状况、农田水利设施参与供给情况、医疗状况、社会资本状况等方面的问题。

6.2.2 样本描述

村级问卷不涉及主观题目，且访谈对象对问题了解比较清楚，因此 180 个村级问卷全部有效。在选择的 180 个村庄样本中，村庄距县城的距离差异较大，最近的为 1 km，最远的为 35 km，平均距离为 14.16 km；在 180 个村庄中，67 个为示范基地，包括水果种植示范基地，蔬菜种植示范基地，枸杞种植示范基地等；有小型农田水利设施重点建设项目的村庄有 143 个，占总体的 79.44%；基尼系数最小值为 0.064，最大值为 0.716，均值为 0.32，表明农业收入差异存在较大区别。如表 6-4 所示。

表 6-4 村庄样本的基本情况

统计指标	极小值	极大值	均值	标准差	频数	比例%
距县城距离（km）	1	35	14.16	6.78		
是否为示范基地	0	1	0.37	0.48		
是					67	37.22
否					113	62.78
是否有小农水重点项目	0	1	0.79	0.41		
是					143	79.44
否					37	20.56
农户收入差异	0.064	0.716	0.32	0.13		

农户问卷共发放 1 456 份，收回有效问卷 1 456 份。在调查的农户中，从性别上看，以男性居多，男性比例为 56.11%。年龄的分布呈增长趋势，

45 岁以下仅占 27.88%，45 岁以上占 72.12%，表明农村务农人员的年龄趋于老龄化。从受教育程度看，小学及以下、初中的居多，占到 89.2%，说明农民整体的受教育水平较低。子女上学比例超过一半，从侧面反映出农户对教育的重视程度提高。村干部 49 户，非村干部 1 407 户。根据农户农业收入计算基尼系数，并参照基尼系数划分标准，将农户划分为无差异组、低差异组、中差异组、高差异组等四种类型。其中，农业收入差异在 [0，0.2] 为无差异组，[0.2，0.3] 为低差异组，[0.3，0.4] 为中差异组，[0.4，1] 为高差异组。按照此划分标准，无差异组、低差异组、中差异组和高差异组的农户所占比重分别为 18.82%、38.80%、22.60% 和 19.78%，表明农户之间农业收入存在显著差异。如表 6-5 所示。

表 6-5 农户样本的基本情况

统计指标	选项	样本量	百分比（%）
农户收入差异	[0，0.2]	274	18.82
	[0.2，0.3]	565	38.80
	[0.3，0.4]	329	22.60
	[0.4，1]	288	19.78
性别	女	639	43.89
	男	817	56.11
年龄	18～25	18	1.24
	26～35	93	6.39
	36～45	295	20.262
	46～55	463	31.80
	56 岁以上	587	40.32
是否为村干部	否	1 407	96.63
	是	49	3.37
子女是否上学	无	716	49.31
	有	736	50.69
受教育程度	小学及以下	649	44.91
	初中	640	44.29
	高中	132	9.13
	大专及本科	23	1.59
	本科以上	1	0.07

6.2.3　变量选择

本研究的村庄层选取 6 个自变量（距县城距离、机井总数、渠道总长、水费收取率、农户收入差异、农户收入差异平方项），农户层选取 4 大类 14 个自变量，即农户特征（年龄、性别、受教育程度、是否为村干部、是否有子女上学）、制度环境（政府的重视程度、管理效果、维护效果）、发展变化情况（近五年农田水利设施变化情况、与邻村比较情况）、供需状况（灌溉便利性、供水模式、水价评价、需求是否满足），因变量为农田水利设施供给效果，包括农田水利设施供给水平和农户满意度两个指标，对两个指标进行标准化处理后取均值。表 6-6 给出了相关变量定义和描述性统计。所调查的村庄据县城的平均距离为 13.70 km。村庄渠道总长均值为 12.78 km，调查中发现，现有渠道并不能完全满足灌溉需要，渠系末端损毁致使实际灌溉面积比预计灌溉面积小。水费收取率在一定程度上反映了农田水利设施供给的规范程度，村庄的平均水费收取率为 91%，水平较高。机井作为农田水利设施的重要组成部分，在灌溉方面有不可替代的作用，各村庄的机井总数均值为 32 眼。农户对政府关于农田水利设施的重视程度、农田水利设施管理、维护状况评价不高。农户认为农田水利设施相较五年前变得较好，灌溉较便利，能在一定程度上满足农户的需求。灌溉水价评价均值为 3.72，表明农户普遍认为水价较高，但对于哪种供水模式没有特殊偏好。

表 6-6　相关变量定义和描述性统计

变量名称	变量定义	均值	标准差
村庄层			
距县城距离	村庄距离县城的实际距离（km）	13.70	5.65
机井总数	村庄实际机井数量（眼）	32.13	65.77
渠道总长	村庄范围内渠道长度（km）	12.78	20.67
水费收取率	100%～80%＝5，80%～60%＝4，60%～40%＝3，40%～20%＝2，20%以下＝1	0.91	0.16
农户收入差异	根据农业收入测算基尼系数	0.30	0.12
农户收入差异平方项	基尼系数的平方	0.11	0.09

（续）

变量名称	变量定义	均值	标准差
农户层			
农户特征			
年龄	1＝18～25 岁，2＝26～35 岁，3＝36～45 岁，4＝46～55 岁，5＝56 岁以上	51.84	10.87
性别	男＝1，女＝0	0.56	0.49
受教育程度	1＝小学及以下，2＝初中，3＝高中，4＝大专及本科，5＝本科以上	1.68	0.71
是否为村干部	1＝是，0＝否	0.03	0.18
是否有子女上学	1＝是，0＝否	0.51	0.50
制度环境			
政府重视程度	1＝很不重视，2＝不重视，3＝一般，4＝较重视，5＝很重视	3.05	0.99
设施管理情况	1＝很混乱，2＝混乱，3＝一般，4＝较好，5＝很好	3.13	0.84
设施维护情况	1＝损坏严重，2＝损坏较大，3＝一般，4＝局部损坏，5＝无损坏	3.52	0.97
发展变化情况			
近五年变化情况	1＝变得很不好，2＝变得不好，3＝一般，4＝变得较好，5＝明显变好	3.64	0.78
与邻村比较情况	1＝比邻村差得远，2＝不及邻村，3＝差不多，4＝比邻村稍好些，5＝远比邻村好	2.89	0.85
供需状况			
灌溉便利性	1＝很不便利，2＝不便利，3＝一般，4＝较便利，5＝很便利，	3.54	0.89
供水模式	1＝集中供水，2＝按需要分地区供水，3＝农户自行申请供水，4＝其他	1.99	0.87
水价评价	1＝水价很低，2＝水价偏低，3＝水价合适，4＝水价较高，5＝水价很高	3.72	0.67
需求是否满足	1＝是，0＝否	0.79	0.41

6.3　研究方法与理论模型

在单一层次上进行变量之间关系的研究采用常规的回归计量分析即可，

而实际中很多数据具有分层结构，不同群组之间的样本有很强的同质性，彼此存在联系；群组间又具有明显的异质性。这些具有分层结构的数据需要采用分层线性模型进行分析，研究不同层次变量间的相互关系。在研究过程中，违背样本间相互独立的假设，对具有分层结构的数据按照平面数据进行回归分析，统计结果会出现较大偏差。

分层线性模型将因变量中的变异分为两部分：一部分来自组内变异（同一群体的个体差异）；另一部分来自组间变异（不同群体之间的个体差异）。通过分解变异，来区分群体效果和个体效果，揭示群体与个体间的关系，以及两者如何影响因变量。

近年来，分层模型被广泛应用于社会科学领域，如社会学、经济学、教育学等学科。在单一层次上进行变量之间关系的研究采用常规的回归计量分析即可，研究不同层次变量间的相互关系需要采用分层模型。分层模型将因变量中的变异分为两部分：一部分来自组内变异（同一群体的个体差异）；另一部分来自组间变异（不同群体之间的个体差异），通过分解变异区分群体效果和个体效果，揭示群体与个体间的关系，以及两者如何影响因变量。在分层模型中，因变量（连续性变量）和自变量存在线性关系，可直接对系数进行回归估计；因变量（离散型变量）和自变量之间需通过引入非线性连接函数来构建模型。

以往的研究虽然已经关注村庄层面的因素对农田水利设施供给效果的影响，但未针对村庄层面的因素展开分析。个人作为一个社会个体，隶属于较高层次的单位中，个人的行为不仅受到本身特征的影响，还会受到所处社会环境的影响（王济川等，2008）。研究农田水利设施的供给效果，不仅需要考虑农户层面的因素，还应关注村庄层面因素的影响。一方面，村庄之间在渠系建设、机井数量、水费收取等农田水利设施供给方面存在较大差异；另一方面，农户个体决策行为的异质性决定着农田水利设施供给效果的评估必须立足于微观农户个体，不同收入差异农户对农田水利设施的需求存在明显的目标差异和心理偏好差异，致使农户对农田水利设施供给效果的感受和评价存在显著差别。因此，农田水利设施的供给效果势必受到村庄层面因素和农户层面因素的共同影响，不同村庄层面的因素作用在农户身上，与农户层面的因素发生作用，进而影响农田水利设施的供给效果。本书所用样本数据具有典型的分层结构，因此，研究采用分层线性模型，考虑村庄与农户两个层面的影响因素，将农田水利设施的供给效果变异分为村庄内农户的差异和村庄间的差异，揭示村庄层因素与农户层因素对农田水利设施供给效果的影响。由于因变量为连续型变量，同自变量存在线性关系，可直接对系数进行回归估计。

6.3.1　零模型

零模型[①]用来分析分层数据中各个层次是否对因变量有显著影响。通过零模型分析可将因变量的总方差分解到不同层次，计算不同层次随机方差占总方差的比例分布。如果不同层次的差异显著，说明不同层次的因素对因变量有重要影响，有必要采用分层模型解释其变异。根据研究需要，选择两层模型进行分析，用于检验村庄层及农户层差异是否是造成农田水利设施供给效果差异的共同因素。零模型表达式如下：

层-1：

$$y_{ij} = \beta_{oj} + \varepsilon_{ij} \qquad\qquad (6-1)$$

层-2：

$$\beta_{oj} = \gamma_{00} + \mu_{oj} \qquad\qquad (6-2)$$

完整方程：

$$y_{ij} = \gamma_{00} + \varepsilon_{ij} + \mu_{oj} \qquad\qquad (6-3)$$

式（6-1）和式（6-2）中，β_{oj} 代表第 j 个村庄的农田水利设施供给效果的均值，r_{00} 代表总截距（即 y_{ij} 的总均值），ε_{ij}、μ_{oj} 分别代表各层的随机效应项[②]。根据层-1 的方差分量（$Var(\varepsilon_{ij}) = \sigma_1^{2}$[③]）和层-2 的方差分量（$Var(\mu_{oj}) = \sigma_2^{2}$）计算层-2 的方差在总方差中的比例，即组间相关系数 $\rho\left(\rho = \dfrac{\sigma_2^{2}}{(\sigma_1^{2} + \sigma_2^{2})}\right)$。$\sigma_2^{2}$ 值越大，组间相关系数值越大，层-2 对因变量的影响越大，并表明适合用分层模型。

---

①　分层模型中，各层均不含任何解释变量的模型被称为零模型，其主要作用是判断分层模型分析是否适用。本书只是给出零模型的基本形式，其详细理论阐述可见王济川等（2008）。

②　模型中 r_{00} 是固定效应项（王济川等，2008）。

③　对于 Logit 连接函数，组内方差 σ_1^{2} 被标准化为 $\pi^2/3 \approx 3.287$（王济川等，2008），在本书中也将组内方差近似为该值。

6.3.2　随机截距模型

随机截距模型假定因变量的截距随群体而异，但各个体的回归斜率是固定的，即村庄层面的因素和农户层面的因素对因变量的影响是独立的。本书只做随机截距模型，分别考察村庄层次和农户层次因素对农田水利设施供给效果的影响。具体的模型设定如下：

层-1：

$$y_{ij} = \beta_{0j} + \sum_{p=1}^{p} \beta_{pij} X_{pij} + \varepsilon_{ij} \qquad (6-4)$$

层-2：

$$\beta_{0j} = \gamma_{00} + \sum_{q=1}^{q} \gamma_{0qj} Z_{0qj} + \mu_{0j} \qquad (6-5)$$

完整方程：

$$y_{ij} = \gamma_{00} + \sum_{q=1}^{q} \gamma_{0qj} Z_{0qj} + \sum_{p=1}^{p} \beta_{pij} X_{pij} + \varepsilon_{ij} + \mu_{0j} \qquad (6-6)$$

式（6-4）和式（6-5）中，X_{pij}代表层-1自变量，包括农户特征（年龄、性别、受教育程度、是否担任村干部、子女是否上学）、制度环境（政府重视程度、设施管理情况、设施维护情况）、发展变化情况（近五年变化情况、与邻村比较情况）、供需状况（灌溉便利性、供水模式、水价评价、需求是否满足）；Z_{0qj}代表层-2自变量，包括距县城距离、机井总数、渠道总长、水费收取率、农户收入差异及其平方项；β_{pij}代表层-1自变量对因变量的影响系数；r_{0qj}代表层-2自变量对因变量的影响系数；p，q取值均为1，2，3，…；y_{ij}、β_{0j}、r_{00}、ε_{ij}与μ_{0j}所代表含义与零模型中符号相同的变量含义相同。

6.4　实证结果与分析

6.4.1　零模型估计结果

利用 Stata 12.0 软件，采用极大似然估计方法，对分层模型进行估计。表6-7输出了零模型分析的结果，农田水利设施供给效果的村庄间差异为0.098，村庄内农户的差异为0.103，组间相关系数 ρ 为0.488，且显著。表明各村庄间农田水利设施供给存在明显差异，农田水利设施供给效果的差异有 48.8% 是由村庄农田水利设施供给的差异导致的，51.2% 的差异来自农户自身。因此，在分析农田水利设施供给效果时，采用分层模型，将村庄特征纳入到模型中有助于提高参数估计结果的精确性。

表 6-7 零模型分析结果

参数	系数	标准差
村庄层次方差 σ_2^2（组间差异）	0.098	0.006
农户层次方差 σ_1^2（组内差异）	0.103	0.002
组间相关系数 ρ	0.488	

注：$P < 0.001$。

6.4.2 随机截距模型估计结果

随机截距模型估计结果如表 6-8 所示，村庄层面的因素和农户层面的因素对农田水利设施供给效果的影响均存在差异。

表 6-8 随机截距模型的估计结果

变量	系数	标准差	P 值
村庄层：			
距县城距离	−0.000 3	0.000 7	0.644
机井总数	0.000 2 ***	0.000 6	0.000
渠道总长	0.002 6 ***	0.000 2	0.000
水费收取率	0.125 7 ***	0.024	0.000
农户收入差异	0.250 9 **	0.112	0.025
农户收入差异平方项	−0.287 3 *	0.151	0.057
农户层：			
农户特征：			
性别	0.001 2	0.004 9	0.806
年龄	0.000 1	0.000 2	0.638
受教育程度	0.001 8	0.003 5	0.604
是否为村干部	−0.011 2	0.013 5	0.409
是否有子女上学	−0.014 ***	0.005 1	0.006

（续）

变量	系数	标准差	P 值
制度环境：			
政府重视程度	0.018 6***	0.003 3	0.000
设施管理情况	0.016 8***	0.003 2	0.000
设施维护情况	0.004 5	0.003 9	0.165
发展变化情况：			
近五年变化情况	0.019***	0.004	0.000
与邻村比较情况	0.026***	0.003 4	0.000
供需状况：			
灌溉便利性	0.039***	0.003 3	0.000
供水模式	0.000 5	0.002 9	0.850
水价评价	−0.003	0.003 9	0.442
需求是否满足	0.045***	0.006 3	0.000
村庄间变异	.041 23		
组内相关系数	0.667 4		

注：*、**、***分别表示10%、5%、1%的显著水平。

1. 村庄特征

村庄特征中，机井总数、渠道总长、水费收取率、农户收入差异、农户收入差异平方项对农田水利设施供给效果评价均有显著影响，仅村庄距县城距离影响不显著。

农户收入差异对农田水利设施供给效果在5%的水平上显著正向影响，农户收入差异的平方项对农田水利设施供给效果在10%的水平上显著负向影响。这说明农户收入差异与农田水利设施供给效果之间呈现倒"U"型的关系。计算表明，倒"U"型临界点处的基尼系数为0.573，经过统计，97.80%的样本在倒"U"型的左边，只有2.20%的样本在倒"U"型的右边，在调查的大多数样本中，农户收入差异与农田水利设施供给效果之间表现为正相关关系。出现倒"U"型影响一个可能的解释是，在农户收入差异低的村庄，适当地扩大农户收入差异更有利于农田水利设施的提供，从而改善这个村庄的农田水利设施公共支出，增加农田水利设施供给，最终有助于农田水利设施供给效果的提高。此类地区农田水利设施供给的增加可能是由于农户收入差异扩大引起当地政府重视程度的提高，从而增加了对其农田水利设施的公共支出；同时，农业收入水平高的农户自身对农田水利设施的需求提高，这会促使其积极参与农田水利设施供给，进一步完善农田水利设施，促进农田水利设施供给效果的提高。在农户收入差异高的村庄，农业收入水平高的农户倾向于调整农业生产结构，增加对灌溉用水量、水流强度、灌溉时间由较高要求的经济作物种植面积，对新型节水灌溉技术与设施的需求更加强烈，同时，农业收入水平低的农户务农热情逐步降低，对农业生产的依赖程度下降，进而导致其对农田水利设施的需求不足。基于高农业收入与低农业收入两类农户对农田水利设施的需求存在明显差异，因此农户收入差异的扩大不利于农田水利设施的提供。

渠道总长对农田水利设施供给效果在 1% 的水平上显著正向影响。渠系建设是农田水利设施建设的重要组成部分，渠道总长反映了渠系建设的规模，在某种程度上决定了灌溉的可能性。一般来讲，渠道总长越长，水利设施的覆盖面越大，灌溉能力越强，那么，农户对农田水利设施的需求更容易得到满足，农户的满意度也越高。

水费收取率对农田水利设施供给效果在 1% 的水平上显著正向影响。水费收取率体现了农田水利设施的管理水平，也从侧面反映了农田水利设施供给的规范性。水费收取率越高，表明农田水利设施管理水平越高，供给越规范，越能满足农户对农田水利设施的需求，那么农户对农田水利设施的满意度也越高。

机井总数对农田水利设施供给效果在 1% 的水平上显著正向影响。相较传统的渠系灌溉，机井灵活的灌溉方式对其形成了有效的补充，也是农田水利设施建设的重要组成部分。渠系建设规模大的地区，机井数量较少，然而渠系灌溉受地理条件和水源制约，难以及时满足不同农作物多样化的灌溉需求；同时，在渠系建设薄弱的地区，毛渠未能覆盖所有农田，农户在灌溉高峰时期的需求难以满足，导致农户对机井灌溉有强烈的需求意愿。机井总数体现了机井建设的规模，一定程度上反映了农田水利设施供给水平，机井总数越多，农田水利设施供给水平越高，越容易满足农户的灌溉需求，农户对农田水利设施的满意度也越高。

村庄距县城距离对农田水利设施供给效果影响不显著，但其符号为负。在农村基础设施建设方面，距县城距离近的村庄会优越于距县城距离远的村庄，受地理位置制约，距县城距离远的村庄，农业生产活动享受到城镇化建设的成果相对较少，农田水利设施建设也会受到影响，这或许是距县城距离对农田水利设施供给效果影响的原因所在。

2. 农户特征

农户特征中，仅"是否有子女上学"这一变量对农田水利设施供给效果有显著负向影响，年龄、受教育程度与是否为村干部三个变量在模型中均不显著。

"是否有子女上学"对农田水利设施供给效果评价具有显著负向影响，可能的原因是，子女上学增加了家庭经济负担，农户对农业收入的依赖和期望增强，其对农田水利设施供给水平的理想预期也相应提高，进而会降低其对农田水利设施供给的满意度，农田水利设施供给效果也会降低。

年龄、性别、受教育程度与是否为村干部四个变量在模型中均不显著，这表明年龄、性别、受教育程度、是否为村干部对农田水利设施供给效果评价影响不大。近年来，我国农田水利设施供给水平有所提高，农田灌溉不再是女性和年老者从事农业生产过程中的困难。随着国家在农村地区开展广泛宣传以及农户自身素质的提高，受教育程度对农户重视农田水利设施供给的影响越来越小。是否担任村干部对农田水利设施供给效果影响不显著，但其符号为负，可能的解释是，村干部作为农村的精英，在深刻认识到农田水利设施建设重要性的同时，也能敏锐洞察当前农田水利设施存在的问题。

3. 制度环境

政府重视程度、农田水利设施管理状况对农田水利设施供给效果具有显著正向影响，农田水利设施维护状况对农田水利设施供给效果影响不显著。

政府重视程度对农田水利设施供给效果在1‰水平上显著正向影响。农田水利设施的供给离不开政府的指导与支持，随着政府重视程度的提高，可以更加准确了解农户对农田水利设施的需求，依据农户的需求来运转农田水利设施供给，充分尊重农户的需求意愿，突出重点建设的原则，实现资源最优配置，提高农田水利设施供给效果。调研过程发现，在农田水利设施供给效果较好的地区，多设计有相对完善的农户需求表达机制，并构建了农户与政府沟通的平台。

农田水利设施管理状况对农田水利设施供给效果在1‰水平上显著正向影响。农田水利设施的管理状况直接关系农田水利设施的运行，影响农田水利设施的灌溉质量。健全农田水利设施管理制度，明晰农田水利设施产权，落实管理责任主体，加强基层水利管理部门自身能力建设，推进农民用水协会等民间组织的自主管理，可以有效改善农田水利设施管理状况，提高农田水利设施的灌溉质量和效率，提升农田水利设施供给效果。

农田水利设施维护状况对农田水利设施供给效果影响不显著，但其符号为正。农田水利设施在长期使用过程中会出现运行损耗及设施老化，管理不善会加剧农田水利设施的损毁，维护不及时会导致农田水利设施带病运行，进一步影响农田水利设施的灌溉质量与效率。农田水利设施维护状况对农田水利设施供给效果影响不显著，可能的原因是，近几年我国持续加强农田水利设施建设，针对原有农田水利设施开展集中整治，摈弃了那些毁坏严重、失去维修价值的农田水利设施，转而兴建新的农田水利设施，维护状况处于较高的水平，农户评价较高。

4. 发展变化情况

农户对农田水利设施变化情况会存在比较心理，近五年农田水利设施变化情况、农田水利设施与邻村比较情况均对农田水利设施供给效果评价具有显著正向影响。

近五年农田水利设施变化情况对农田水利设施供给效果在1‰的水平上显著正向影响。近五年农田水利设施变化情况体现了农户对农田水利设施变化情况在时间维度上的比较，农田水利设施状况与五年前相比，若得到较大改善，能够满足农户需求，农户对务农前景持乐观态度，对农田水利设施供给的满意度相应提高。

农田水利设施与邻村比较情况对农田水利设施供给效果在1‰水平上显著。农田水利设施与邻村比较情况体现了农户对农田水利设施变化情况在空间维度上的比较，调研过程中发现，农田水利设施状况与邻村比较，若强于邻村，农户的务农热情提高，对农田水利设施供给的满意度也比较高。

5. 供需状况

灌溉便利性、需求是否满足对农田水利设施供给效果具有显著正向影响，供水模式预期与水价评价对农田水利设施供给效果影响不显著。

灌溉便利性对农田水利设施供给效果在1‰水平上显著正向影响。灌溉便利性体现的是灌溉过程中的方便程度，在完成灌溉过程中可能涉及很多的准备工作，例如灌溉前渠系的清理维护、水泵及配套设施的准备、用水的协调等，这些准备工作越完善、越容易操作，那么灌溉就越便利，农户的满意度越高。

需求是否满足对农田水利设施供给效果在 1‰ 水平上显著正向影响。农户的需求会随着种植结构的调整、气候的改变、思想认识的改变产生变动，农户的需求是否满足很大程度上取决于农田水利设施的供给水平，农田水利设施的供给水平越高，农户的需求越容易得到满足，农户的满意度也越高。

供水模式对农田水利设施供给效果影响不显著，这说明农户将能否完成灌溉作为第一要务，对于哪种供水模式没有特殊偏好。水价评价对农田水利设施供给效果影响不显著，但其符号为负。这在一定程度上说明，当前灌溉水价在农户可接受的范围内，灌溉水价越高，灌溉负担越重，引发农户对农田水利设施更加强烈的需求意愿，以期缓解灌溉紧张引发的高水价压力；同时，灌溉水价的高低决定着灌溉费用，灌溉费用作为农业生产的重要投资，在很大程度上影响着农业生产的投入产出率，高昂的灌溉费用降低了投入产出率，农户满意度也会相应降低，最终表现为农田水利设施供给效果降低。

6.4.3　农户收入差异稳健性检验

为了检验农户收入差异与农田水利设施供给效果之间关系的稳健性，我们采用泰尔指数和最富有 40‰ 人口所占的收入份额进行验证。表 6-9 中第二列与第三列分别表示对上述两个农户收入差异指标的回归，结果表明，在其他变量的方向和显著性都没有发生改变的条件下，这两个指标与农田水利设施供给效果的倒 "U" 型关系仍然存在。这一结果说明，用不同的收入差异指标所衡量的农户收入差异与农田水利设施供给效果的关系是一致的，用基尼系数作为农户收入差异指标考察对农田水利设施供给效果的影响是稳健的。

表 6-9　农业收入差异稳健性检验结果

变量	1	2	3
村庄层：			
距县城距离	−0.000 3	−0.000 1	−0.000 1
机井总数	0.000 2***	0.000 3***	0.000 3***
渠道总长	0.002 6***	0.002 5***	0.002 5***
水费收取率	0.125 7***	0.126 3***	0.122 2***

（续）

变量	1	2	3
基尼系数	0.250 9 **		
基尼系数平方项	−0.287 3 *		
泰尔指数		0.054 6 **	
泰尔指数平方项		−0.033 4 *	
最富有前40%人口占收入份额			0.089 5 **
最富有前40%人口占收入份额平方项			−0.029 6 *
农户层：			
农户特征：			
年龄	0.000 1	0.000 1	0.000 1
性别	0.001 2	0.001 3	0.001 2
受教育程度	0.001 8	0.001 4	0.001 4
是否为村干部	−0.011 2	−0.011 2	−0.011 0
是否有子女上学	−0.014 ***	−0.014 ***	−0.014 ***
制度环境：			
政府重视程度	0.018 6 ***	0.018 7 ***	0.018 8 ***
设施管理情况	0.017 ***	0.017 ***	0.017 ***
设施维护情况	0.004 5	0.004 3	0.004 2
发展变化情况：			
近五年变化情况	0.019 ***	0.019 ***	0.019 ***
与邻村比较情况	0.026 1 ***	0.026 3 ***	0.026 2 ***
供需状况：			
灌溉便利性	0.039 ***	0.039 ***	0.039 ***
供水模式	0.000 5	0.000 5	0.000 5
水价评价	−0.003	−0.003	−0.003
需求是否满足	0.045 ***	0.045 ***	0.045 ***
村庄间变异	0.041 23	0.041 49	0.041 61
组内相关系数	0.667 4	0.666 4	0.665 7

注：*、**、***分别表示10%、5%、1%的显著水平。

6.5 小结

本章基于所调研的 180 个村庄及 1 456 个农户的样本数据，随机效应的单因素方差分析结果表明，村庄层和农户层因素共同影响农田水利设施供给效果。采用随机截距模型深入探析村庄层因素和农户层因素如何影响农田水利设施供给效果。本章得出的结论主要如下。

第一，总体来看，农田水利设施供给效果不容乐观，农田水利设施供给水平低于平均水平，能在一定程度上满足农户的需求，农户对农田水利设施的满意度处于中等水平，尚未达到农户的理想预期，表明农田水利设施供给效果仍有较大的提升空间。

第二，从村庄层面的因素来看，机井总数、渠道总长、水费收取率对农田水利设施供给效果在1%水平上显著正向影响，农户收入差异对农田水利设施供给效果的影响在5%的水平上显著，呈现倒"U"型关系，距县城距离对农田水利设施供给效果影响不显著，且符号为负。

第三，从农户层面的因素来看，是否有子女上学、政府重视程度、农田水利设施管理状况、农田水利设施近五年变化情况、与邻村比较情况、灌溉便利性、需求是否满足对农田水利设施供给效果影响显著，是否有子女上学影响为负；年龄、性别、受教育程度、是否担任村干部、农田水利设施维护情况、供水模式、水价评价对农田水利设施供给效果影响不显著，水价评价、是否担任村干部的影响为负。

第四，从农户收入差异稳健性检验结果来看，采用不同的指标所衡量的农户收入差异与农田水利设施供给效果的关系是一致的。分别对基尼系数、泰尔指数、最富有40%人口所占收入份额这三个指标衡量的农户收入差异进行回归，在其他变量的方向和显著性都没有发生改变的条件下，这三个指标衡量的农户收入差异与农田水利设施供给效果均呈现倒"U"型关系。

第七章 □□□□□□□□□□□□□

研究结论与政策建议

农田水利设施供给的效果关系到农业生产实效，对粮食安全的保障及农业现代化的实施具有重要作用，而农田水利设施供给效果受农田水利设施供给体制影响较大。因此，本章根据研究所得出的结论，基于农户收入差异视角，提出改善农田水利设施供给效果的政策建议，以期为相关部门制定决策提供依据。

7.1 研究结论

（1）1949 年至今，根据我国农田水利设施供给和治理的变化，可以将其发展历程分为改革开放前与改革开放后两大阶段。这两大阶段又可以分为六个时期，即农田水利供给恢复时期、快速发展与巩固时期、低谷时期、调整时期、深化改革时期和多元化供给时期。不管在哪个时期，政府都在农田水利设施供给中发挥着主导作用。农田水利设施供给陷入停滞、低谷时期，甚至出现倒退现象，与政府供给缺失密切相关。在农田水利设施供给方式的发展历程中，农田水利设施供给日益多元化，政府作用逐渐淡化，民间供给比重加大。

（2）我国各区域自然资源禀赋与经济发展水平存在较大差异，导致农田水利设施供给地区差异明显。从整体水平来看，中部和东部地区农田水利建设明显好于西部地区，且中部地区发展迅速，西部地区的自然环境恶劣，山地较多，水资源匮乏，再加之历史遗留原因及经济发展水平不高，农田水利设施建设落后于东部和中部地区；2005—2014 年，全社会水利固定资产投资总体呈持续增长态势，年投资增长比例呈现波浪式增长；国家逐步减少中央对水利基础设施建设项目的投资，而地方投资占比提高，呈现地方投资为主，中央投资为辅的格局；新中国成立以来，我国江河堤防、水闸、水库、机井、农村水电站及相关配套设施数量和规模剧增，灌溉农田面积不断扩大；我国农田水利基础设施建设主要体现在防洪工程、水资源工程、水土保持及生态环境保护、水电及专项工程设备投资四个方面，尤其侧重防洪工程和水资源工程投资；但这四个方面的建设投资存在较大差异，防洪工程和水资源工程建设投资额稳定在总投资额的 70%~80% 之间，水电及专项工程设备和水土保持及生态环境保护投资的比重偏低。

（3）通过构建农田水利设施供给水平的多维评价体系，对陕西、河南、宁夏三个省（自治区）的农田水利设施供给水平进行评价，并分析其中的影响因子，结论为：第一，调查省份农田水利设施的供给水平偏低且地区差异较大，宁夏回族自治区的农田水利设施供给水平最高，陕西省次之，河南省得分最低。在供给水平高的地区，农田水利设施渠道建设、清淤及相关配套设施建设发展也比较快；而在供给水平较低的地区，其在新设施建设和渠道管理维护上存在明显不足。第二，纵向比较发现，在三个省份的平均得分中，基础性供给能力因子、保障性供给能力因子和技术性供给能力因子得分分别为 0.003、0.001 和 0.000 02，超过平均水平，而社会性供给能力因子的平均得分为负值，低于平均水平。横向比较发现，三个地区的因子得分差异较大，制约三个地区农田水利设施供给整体水平提高的关键因子各不相同。第三，随着农业收入差异的扩大，农业收入水平高的农户增加了自身对农田水利设施的需求，要求也会更高，这会促使其积极参与农田水利设施供给，进一步完善农田水利设施，农田水利的准公共物品特性会整体提升农田水利设施供给水平；外出务工人数比显著负向影响农田水利设施供给水平，外出打工者多为青壮年劳动力，剩余劳动力随着外出打工人数的增多而相应减少，导致农业生产受到的阻碍增大，降低了农民从事农业生产的积极性，对农田水利设施的需求和供给逐步减弱；距县城距离近的村庄会优越于距县城距离远的村庄，受地理位置制约，距县城距离远的村庄，农业生产活动享受到城镇化建设的成果相对较少，这会影响到农田水利设施的建设；是否为农业示范基地显著正向影响农田水利设施供给水平，作为农业示范基地的村庄，其农田水利设施项目进行统一规划建设，资金整合利用效率较高，高效节水灌溉技术更易于推广；政府在农田水利设施建设中依然发挥主导作用，政府的支持力度显著正向影响农田水利设施供给水平，农户参与农田水利设施供给的力度较小，政府应继续加大支持力度，提供优惠政策鼓励民间资本介入农田水利设施建设；打工日工资水平、与附近村庄经济状况比较、是否有小农水重点建设项目这三个变量对农田水利设施供给水平没有显著影响。

(4) 农户对农田水利设施供给的满意度是农户根据当前农田水利设施实际供给情况及自身期望，对农田水利设施供给做出的主观综合评价。如果农户需求与农田水利设施供给一致，那么农户对农田水利设施供给的满意度会相对较高；如果农田水利设施供给不能有效满足农户需求，那么农户对农田水利设施供给的满意度会相对较低；总体来看，40.31%的农户认为农田水利设施供给较好，5.02%的农户认为很好，30.26%的农户处于中间状态，19.04%的农户认为小型农田水利设施供给不好，仅有5.37%的农户认为小型农田水利设施供给很不好，显而易见，农田水利设施供给尚未达到农户的理想期望；随着农户收入差异的扩大，农户对农田水利设施供给满意度有相应提高态势；评价为"较好"和"很好"的比重，无差异组、低差异组、中差异组、高差异组分别为37.64%、48.28%、42.08%、50.72%。而评价为"一般"和"不好"的比重，以上收入组分别为57.57%、46.13%、51.22%、45.35%，呈现一定下降态势，说明农户收入差异对农户农田水利设施供给满意度评价具有一定正向影响。从农户收入差异分组来看，农户的基本灌溉需求是否满足、农田水利设施供给与邻村比较情况、农田水利设施灌溉的便利性、维护、管理情况是影响四组收入差异农户关于农田水利设施供给满意度评价的共同因素，其他因素的影响存在差异。随着农户收入差异的扩大，影响农户评价农田水利设施供给满意度的因素逐步增加。农户收入差异的扩大，体现了农户个体在农业生产中的异质性，农户异质性程度越高，其对农田水利设施供给满意度的评价越具有明显的个体特征偏好。

(5) 我国农田水利设施的供给效果包括农田水利设施供给水平和农户满意度两个指标。调查省份农田水利设施供给水平偏低且地区差异较大，仍具有提升空间；农户对农田水利设施供给表示很满意和较满意的占到48.29%，表明农田水利设施供给并未达到农户的理想预期，存在一定差距。在当前供给水平下，农户仍对农田水利设施供给有着较强需求，农户较强烈的需求与设施低水平的供给间形成供需矛盾，在矛盾不能有效化解甚至会进一步激化的背景下，农户满意度必然会降低。综上所述，当前我国农田水利设施的供给效果并不十分理想，供给水平依然偏低，农户满意度尚未达到理想预期，农田水利设施供给效果有待进一步提升。

（6）根据基尼系数测算农户收入差异，通过分层线性模型考察影响农田水利设施供给效果的因素，随机效应的单因素方差分析结果表明，农田水利设施供给效果的村庄间差异为 0.098，村庄内家庭的差异为 0.103，组内相关系数 ρ 为 0.488，且显著，这表明各村庄间的农田水利设施供给存在明显差异，农田水利设施供给效果差异的 48.8% 是由村庄农田水利设施供给差异导致，差异的 51.2% 来自农户本身。

（7）随机截距模型的估计结果表明，总体来看，农田水利设施供给效果不容乐观，农田水利设施供给水平偏低，能在一定程度上满足农户的需求，农户对农田水利设施供给的满意度处于中等水平，尚未达到农户的理想预期，表明农田水利设施供给效果仍有较大的提升空间。从村庄层面的因素来看，机井总数、渠道总长、水费收取率对农田水利设施供给效果在 1% 水平上显著正向影响，农户收入差异对农田水利设施供给效果的影响在 5% 的水平上显著，呈现倒"U"型关系，距县城距离对农田水利设施供给效果影响不显著，且符号为负。从农户层面的因素来看，是否有子女上学、政府重视程度、农田水利设施管理状况、农田水利设施近五年变化情况、与邻村比较情况、灌溉便利性、需求是否满足对农田水利设施供给效果影响显著，是否有子女上学影响为负；年龄、性别、受教育程度、是否担任村干部、农田水利设施维护情况、供水模式预期、水价评价对农田水利设施供给效果影响不显著，水价评价、是否担任村干部的影响为负。

（8）从农户收入差异稳健性检验结果来看，用不同的农户收入差异指标所衡量的农户收入差异与农田水利设施供给效果的关系是一致的。采用泰尔指数与最富有的前 40% 人口所占的收入份额检验农户收入差异的稳健性，在随机截距模型中分别纳入上述两个收入差异指标进行回归。在其他控制变量的方向和显著性都没有明显改变的条件下，这两个指标与农田水利设施供给效果的倒"U"型关系仍然存在，这一结果说明不同的收入差异指标所衡量的农户收入差异与农田水利设施供给效果的关系是一致的，选择基尼系数作为收入差异指标考察农户收入差异对农田水利设施供给效果的影响是稳健的。

7.2 农户收入差异视角下提高农田水利设施供给效果的 政策建议

农田水利设施作为农村居民最为关键的公共产品之一，其偏低的供给效果制约着农业生产和农村经济发展，因此，提升其供给效果是解决"三农"问题、实现城乡统筹发展和城乡公共服务均等化的重要环节。依据相关研究结论提出以下政策建议，以期为政府有关部门制定政策提供参考。

1. 加大农田水利设施公共投入，缓解农户收入差异扩大造成的不利影响

农户收入差异对农田水利设施供给效果的影响呈倒"U"型关系，较高的农户收入差异将导致农田水利设施供给效果降低。在农户收入差异较低的村庄，农户收入差异扩大有利于农田水利设施供给效果的提高，在农户收入差异较高的村庄，农户收入差异扩大则会降低农田水利设施供给效果。因此，从公共政策的角度，进一步加大对农田水利设施的公共投入，可缓解农户收入差异对农田水利设施供给效果的不利影响，以提高灌溉的便利性，进而改善农田水利设施供给效果。在农户收入差异较高的村庄，可以考虑对村庄低收入农户提供灌溉补贴，以减弱因农户收入差异扩大而带来的农田水利设施供给效果降低的负面影响。

2. 基于收入差异视角构建农户需求表达机制，引导农户参与农田水利设施供给

农户作为农田水利设施的直接使用者与受益者，在农田水利设施供给过程中发挥着关键作用。随着农户农业收入差异的扩大，不同农业收入农户对农田水利设施的需求存在明显差异。农田水利设施供给应依据农户的需求来运转，充分考虑不同收入差异农户的需求意愿，突出重点建设的原则，实现资源的优化配置，以改善其供给效果。基于收入差异视角构建农户需求表达机制，进而建立农户与政府的沟通交流平台，以使农户真正参与到农田水利设施建设中。通过这一平台，农户可以直接向基层水利管理者及时反映自身需求并提出相关建议，基层水利管理者则可据此汇总整理不同收入差异农户的需求和建议，并向上级水利管理部门报告，形成逐级上报机制。同时，上级管理部门应成立专门的监督组织，以保证机制畅通和信息准确。该监督组织应由村民选举代表和上级管理部门外派专员共同构成，定期或不定期地对相关人员和部门的情况进行检查督导，防止因某一层级人员不作为导致机制失畅或信息失真。另外，政府部门应根据各地实际情况，引导农户自发成立"用水协会"等具有法人资格的民间管理组织，将本应由政府管理的职责部分移交给民间管理组织，实行农户参与式管理。这一机制，一方面为农户有效参与构建平台，有利于农户表达真实的需求意愿；另一方面，也降低了农户参与的门槛，为农户切实参与到农田水利建设和管理中提供了有效途径。

3. 考虑不同收入差异农户的多样化需求，调整农田水利设施专项资金设置

基于不同收入差异农户对农田水利设施的多样化需求，调整农田水利专项资金设置，推广科学的资金分配办法，对提高农户农田水利设施供给满意度，改善农田水利设施供给效果具有重要意义。根据农田水利设施种类杂、规模小、数量多、地域差异性大等特点，农田水利专项资金设置应以满足不同收入差异农户的多样化需求为前提，遵循分类处理、规范管理、突出重点、分步实施的原则，采取"并、转、停、增"的办法来操作。

4. 调整农田水利设施供给结构及规模，提升农田水利设施供给水平

随着农户收入差异不断扩大，分散的农业生产方式已不适应当前农业发展的需要，并且会导致农田水利供给成本增加，农业生产规模化经营成为农业发展的必然趋势。伴随着这种趋势，与农业生产密切相关的农田水利设施的供给结构、规模也需作出相应调整和改变。不同地区农田水利设施供给水平差异较大，制约其供给水平提高的关键因子各不相同，基于农田水利设施供给水平影响因子作用机理，有针对性地调整农田水利设施供给结构及规模，以提高农田水利设施供给水平，进而改善其供给效果，为农业生产规模化经营奠定物质基础。

5. 优化农田水利设施产权结构，为构建科学的管理体系奠定基础

严格界定各类农田水利设施产权，明确落实管护责任主体，既是完善农田水利设施供给监督管理机制的前提，也是实现由重建设、轻管护向建设与管护并重转变的基础。明晰农田水利设施产权应遵循"谁投资、谁所有、谁受益、谁管理"的原则，同时，政府应逐步引导、培育"农民用水协会"等具有法人资格的民间管理组织成为使用和管理主体，按照"民建、民管、民有、民营"的模式，赋予"农民用水协会"等合作组织自主管理职权，建立科学的农田水利设施管理体系。在此基础上，政府可以向当地农户拍卖、租赁、承包一些公益性不太强且具有良好收益的农田水利设施，逐步推进农田水利设施产权改革，以优化农田水利设施产权结构。

6. 建立合理的农田灌溉水价调节机制，以提高水资源利用率

建立合理的农田灌溉水价调节机制，一方面可以缓解在农田水利设施建设、管理和维护上的"入不敷出"问题，将民间资本参与农田水利设施供给的经济收益内部化；另一方面还利于激励农户节水灌溉。政府相关部门应依据各灌区农业生产条件，确定该地区的灌溉用水价格，该价格的制定，应坚持可持续发展的原则，遵循"有效供水、成本补偿、合理收费、鼓励节约"的方针，在充分考虑农户需求和承受能力的同时，应根据当地水资源状况、物价水平等适时调节灌溉水价，利用价格杠杆来调节用水需求，提高用水效率。一方面，可构建合理的价格差，对不同区域、不同灌溉方式实行差别水价；另一方面，可通过科学测算各种灌溉方式的用水量，确定农业用水定额，对用水量大的漫灌方式实行阶梯式水价，对喷灌、滴灌等节水灌溉方式实行价格优惠。

7. 构建与农田水利设施供给效果评价挂钩的激励约束机制

农田水利设施供给效果不高的一个重要原因是缺少合理的激励约束机制，供给方容易出现决策上的失误和投资上的浪费，从而导致供需错位。在农田水利设施供给中，构建与供给效果评价挂钩的激励约束机制是解决问题的关键。首先，要明确农田水利设施供给效果评价的目标，该目标应具有较强的可操作性，进而依据设定的目标开展农田水利设施建设；其次，健全供给效果评价的指标体系，尽量实现指标量化以准确评估农田水利设施供给效果；最后，依据项目资金使用总结报告和供给效果对最终结果进行综合评价，并将综合评价结果与下年项目和资金安排相挂钩，构建资金分配和使用的奖惩机制。在构建激励约束机制的过程中，要把握供给方的效用目标，并以此为激励。同时，通过权力机关向政府和私人投资者问责，上级向下级问责，建立有效的问责制度。构建激励约束机制的基本原则是与供给效果评价机制相挂钩，同时确定奖惩机制和供给效果评价目标，引导供给方在追求利益最大化的同时，努力提高农田水利设施供给效果。

8. 健全农田水利设施管理制度，提高农田水利设施管理水平

农田水利设施管理情况对农田水利设施供给效果产生直接影响，健全的农田水利设施管理制度是提高农田水利设施管理水平、改善农田水利设施供给效果的重要保障。一方面，要对现有的农田水利设施管理制度进行全面评价，修订不适宜的条款，保留可行的办法；另一方面，围绕农田水利建设改革进程，尽快制定与之相匹配的一系列管理制度。例如，农田水利设施专项支出资金管理办法、农田水利建设项目招标办法、农田水利设施供给效果评价制度体系等。制订并试行相关农田水利设施管理制度，在试行中不断修订和完善，为提高农田水利设施管理水平提供制度保障。

研究不足与展望

虽然本研究基于农户农业收入差异视角对农田水利设施供给效果进行了深入探讨，但还存在着一些不足，有待开展后续研究和进一步完善。

（1）获取的相关指标均为短期数据，农田水利设施作为农村地区的生产性固定资产，具有长期效益。因此，在下一步的研究中需要对农户进行跟踪调查，从长期的角度分析农田水利设施供给效果。

（2）选择的研究样本（陕西、河南和宁夏）集中在我国的中西部，后续研究可将调查的对象扩展到东部地区，更加全面地反映不同地区农田水利设施供给的差异，使研究更具有代表性和说服力。

（3）建构的农田水利设施供给效果评价指标体系应进一步完善和深化。受数据可得性的限制，未能将农田水利设施的利用程度、农田水利设施利用后产生的效益等宏观指标纳入指标体系构建，在未来的研究中可将相关的宏观指标扩充到此评价体系。

（4）主要以农户农业收入差异视角来探究农田水利设施供给效果，而农业收入差异仅是农户异质性的一个重要方面，本书未探析农户异质性的其他方面对农田水利设施供给效果的影响效应，后续研究可深化这一视角。

附 录 ░░░░░░░░░░░ ·····································

国家关于农田水利建设政策文件名录（1949 年至今）

序号	政策文件	时间
1	当前水利建设的方针和任务	1949
2	1950 年全国农田水利计划（草案）	1950
3	一九五二年全国农田水利总结和一九五三年工作要点	1954
4	关于四年来水利工作总结和今后工作任务	1954
5	国务院关于春耕生产的决议	1955
7	水利部、农业部指示各地做好灌溉管理工作	1957
8	中共中央关于水利工作的指示	1958
9	党中央、国务院在冬春水利建设的指示	1959
10	关于加强水利管理工作的十条意见	1961
11	一九五二年全国农田水利总结和一九五三年工作要点	1954
12	关于四年来水利工作总结和今后工作任务	1954
13	中国共产党第十一届中央委员会第三次全体会议公报	1978
14	关于全国加强农田水利工作责任制的报告	1981
15	水利工程水费核定、计收和管理办法	1985
16	国务院关于切实减轻农民负担的通知	1990
17	关于大量开展农田水利基本建设的决定	1990
18	农民承担费用和劳务管理条例	1991
19	中共中央关于全面深化改革若干重大问题的决定	1991
20	中华人民共和国农业法	1993
21	陕西省实施《农民承担费用和劳务管理条例》细则	1993
22	党的十四届五中全会公报	1995
23	关于进一步加强农田水利基本建设的通知	1996
24	《小型农村水利工程管理体制改革实施意见》	2003
25	关于印发杜青林部长在全国抗旱和冬春农田水利基本建设电视电话会议上讲话的通知	2004

（续）

序号	政策文件	时间
26	贯彻落实中央 1 号文件加强小型农田水利工程设施建设	2005
27	国务院办公厅转发发展改革委等部门关于建立农田水利建设新机制意见的通知	2005
28	关于加强农民用水户协会建设的意见（水农〔2005〕502 号）	2005
29	国家以工代赈管理办法（2005 年第 41 号令）	2005
30	国务院办公厅关于转发农业部村民一事一议筹资筹劳管理办法的通知（国办发〔2007〕4 号）	2007
31	河南省冬春农田水利建设投入大进展快效果好	2007
32	中共中央 国务院关于切实加强农业基础建设 进一步促进农业发展农民增收的若干意见（2007 年 12 月 31 日）	2007
33	国务院办公厅关于转发农业部村民一事一议筹资筹劳管理办法的通知	2008
34	农业部 国务院纠风办 财政部 发展改革委国务院法制办 教育部 新闻出版总署关于印发《关于 2007 年农民负担检查情况和 2008 年减轻农民负担工作的意见》的通知	2008
35	国务院关于进一步促进宁夏经济社会发展的若干意见（国发〔2008〕29 号）	2008
36	国务院办公厅关于切实做好当前农民工工作的通知	2008
37	中共中央 国务院关于 2009 年促进 农业稳定发展农民持续增收的若干意见	2009
38	中华人民共和国抗旱条例	2009
39	中央财政小型农田水利重点县建设管理办法	2009
40	中央财政小型农田水利设施建设和国家水土保持重点建设工程补助专项资金管理办法	2009
41	陕西新增农资综合补贴资金全部用于农田水利建设	2010
42	中共中央 国务院关于加快水利改革发展的决定（2010 年 12 月 31 日）	2010
43	关于进一步加强小型农田水利重点县建设管理工作	2011
44	国务院办公厅转发水利电力部关于发展农村水利增强农业后劲报告的通知	2011
45	关于加强中小型公益性水利工程建设项目法人管理的指导意见	2011
46	中共中央 国务院关于加快推进农业科技创新 持续增强农产品供给保障能力的若干意见（2011 年 12 月 31 日）	2011
47	国家发展改革委办公厅、财政部办公厅 关于中央财政统借统还以色列政府贷款实施农田水利建设项目的通知（发改办外资〔2012〕116 号）	2012
48	农业部关于推进节水农业发展的意见	2012
49	关于修改《中央财政小型农田水利设施建设和国家水土保持重点建设工程补助专项资金管理办法》有关条文的通知（财农〔2012〕54 号）	2012

（续）

序号	政策文件	时间
50	国务院办公厅关于印发国家农业节水纲要（2012—2020 年）的通知	2012
51	中央财政统筹从土地出让收益中计提的农田水利建设资金使用管理办法	2013
52	国务院办公厅关于做好当前高温干旱防御应对工作的通知	2013
53	水利部关于印发全国冬春农田水利基本建设实施方案的通知	2013
54	《水利部关于贯彻落实中办发 25 号文件精神进一步加强水利扶贫工作的指导意见》（水扶贫〔2014〕100 号）	2014
55	水利部办公厅 财政部办公厅关于印发 2014 年中央财政农田水利建设项目立项指南的通知	2014
56	水利部关于印发全国冬春农田水利基本建设实施方案的通知	2014
57	水利部关于开展水利安全生产大检查的通知	2015
58	水利部办公厅关于编制 2015—2016 年冬春农田水利基本建设实施方案的通知	2015
59	水利部关于印发 2015—2016 年度全国冬春农田水利基本建设实施方案的通知	2015
60	水利部办公厅关于认真贯彻落实全国冬春农田水利基本建设电视电话会议精神的通知	2015
61	农田水利设施建设和水土保持补助资金使用管理办法	2015
62	关于印发《农田水利设施建设和水土保持补助资金使用管理办法》的通知	2015
63	水利部、中国农业发展银行联合印发《关于用好抵押补充贷款资金支持水利建设的通知》	2016
64	《水利部关于加强投资项目水利审批事中事后监管的通知》	2016
65	云南恨虎坝灌区试点引入社会资本解决农田水利最后一公里问题	2016
66	国务院办公厅关于推进农业水价综合改革的意见	2016
67	水利部办公厅关于印发《2016 年农村水利工作要点》的通知	2016
68	水利部印发《关于做好中央财政补助水利工程维修养护经费安排使用的指导意见》	2016
69	关于切实做好水库移民脱贫攻坚工作的指导意见（发改农经〔2016〕770 号）	2016
70	农田水利条例	2016
71	关于贯彻落实《国务院办公厅关于推进农业水价综合改革的意见》的通知（发改价格〔2016〕1143 号）	2016
72	水利部关于加强水资源用途管制的指导意见	2016
73	关于推行合同节水管理促进节水服务产业发展的意见（发改环资〔2016〕1629 号）	2016
74	水利部办公厅关于编制 2016—2017 年冬春农田水利基本建设实施方案的通知	2016

（续）

序号	政策文件	时间
75	水利部关于印发 2016—2017 年度全国冬春农田水利基本建设实施方案的通知	2016
76	国务院办公厅转发水利电力部关于加强农田水利设施管理工作报告的通知	2016
77	《"十三五"全国水利扶贫专项规划》印发实施	2017
78	水利部办公厅关于开展中央财政补助水利工程维修养护资金专项稽察通知	2017
79	水利部办公厅关于印发 2017 年水利稽察工作安排意见的通知	2017
80	关于扎实推进农业水价综合改革的通知（发改价格〔2017〕1080 号）	2017
81	水利部办公厅关于编制 2017—2018 年冬春农田水利基本建设实施方案的通知	2017
82	水利部办公厅关于印发《2018 年农村水利工作要点》的通知	2018
83	水利部关于印发《深化农田水利改革的指导意见》的通知	2018
84	关于加大力度推进农业水价综合改革工作的通知（发改价格〔2018〕916 号）	2018
85	水利部关于印发水利扶贫行动三年（2018—2020 年）实施方案的通知	2018
86	中共中央 国务院印发《乡村振兴战略规划（2018—2022 年）》	2018

参考文献 □□□□□□□□□□□ ···

[1] 保罗·萨缪尔森. 微观经济学 [M]. 第18版. 北京：人民邮电出版社，2007：23-32.

[2] 布坎南. 民主财政论 [M]. 北京：商务印书馆，2002：114-123.

[3] 蔡晶晶. 农田水利制度的分散实验与人为设计：一个博弈均衡分析 [J]. 农业经济问题，2013，34 (8)：76-86.

[4] 蔡起华，朱玉春. 社会信任、关系网络与农户参与农村公共产品供给 [J]. 中国农村经济，2015 (7)：57-69.

[5] 蔡起华. 社会信任、关系网络与农户参与小型农田水利设施供给研究 [D]. 杨凌：西北农林科技大学，2017.

[6] 蔡荣. 管护效果及投资意愿：小型农田水利设施合作供给困境分析 [J]. 南京农业大学学报（社会科学版），2015，15 (4)，78-86，134.

[7] 蔡荣，马旺林，郭晓东. 小型农田水利设施合作供给的农户意愿实证分析——以盐城市农田灌溉水渠改选为例 [J]. 资源科学，2014 (12)：2594-2603.

[8] 曾福生，匡远配，周亮. 农村公共产品供给质量的指标体系构建及实证研究 [J]. 农业经济问题，2007 (9)：12-19.

[9] 曾福生，匡远配. 中国农村公共产品供求：影响因素和出路 [J]. 湖南农业大学学报：社会科学版，2007 (5)：9-14.

[10] 柴盈. 西方农田水利管理制度研究述评：激励与协调视角 [J]. 中国农村水利水电，2014 (1).15-19.

[11] 陈柏峰，林辉煌. 农田水利的"反公地悲剧"研究——以湖北高阳镇为例 [J]. 人文杂志，2011 (6)：144-153.

[12] 陈风波，丁士军，陈传波. 基尼系数分解法与农户收入差异分析 [J]. 华中农业大学学报（社会科学版），2002 (4)：56-59.

[13] 陈贵华. 新中国农田水利发展的制度性特征分析 [J]. 中国农村水利水电，2011 (10)：146-148.

[14] 陈贵华. 新中国农田水利建设公共政策的价值分析 [J]. 理论月刊，2012 (12)：

108 - 111.

[15] 陈金霞. 加强小型农田水利设施管理探析 [J]. 河北水利, 2014 (6): 39.

[16] 陈雷. 关于水利发展与改革若干问题的思考 [J]. 中国水利, 2007 (22): 1 - 14.

[17] 陈巧玲, 高琪琪. 陕西省咸阳市农田水利基础建设的投入机制 [J]. 北京农业, 2014 (3): 204 - 205.

[18] 陈少艺. 中央1号文件与"三农"政策 [D]. 上海: 复旦大学, 2014.

[19] 陈时禄, 邓丽君. 政府支持与农户参与小型农田水利设施供给研究——基于农户需求的视角. 合肥工业大学学报 (社会科学版), 2013 (4): 26 - 30.

[20] 陈万灵. 社区研究的经济学模型———基于农村社区机制的研究 [J]. 经济研究, 2002 (9): 57 - 66.

[21] 陈于. 农业产业化背景下我国农田水利设施调研报告 [J]. 中国农村水利水电, 2015 (8): 4 - 7.

[22] 陈志国. 小型农田水利建设和管理探索 [J]. 中国防汛抗旱, 2011 (1): 70 - 72.

[23] 仇相玮, 胡继连. 我国粮食安全视角下的农业用水保障战略研究 [J]. 水利经济, 2014 (6): 50 - 53, 71 - 72.

[24] 楚永生, 丁子信. 农村公共物品供给与消费水平相关性分析 [J]. 农业经济问题, 2004 (7): 63 - 66.

[25] 崔宝玉, 张忠根. 农村公共产品农户供给行为的影响因素分析: 基于嵌入性社会结构的理论分析框架 [J]. 南京农业大学学报 (社会科学版), 2009 (1): 25 - 31.

[26] 戴旭宏. 支持小型农田水利建设的若干政策建议 [J]. 农村经济, 2011 (12): 106 - 107.

[27] 丁平, 李瑾, 李崇光. 借鉴公私合作模式推进我国灌溉管理权移交改革 [J]. 农业经济问题, 2005 (10): 46 - 50.

[28] 丁瑞芬, 高建峰, 韩国新, 陈雪明. 农田生态拦截沟渠塘建设体会及建议 [J]. 现代农业科技, 2015 (20): 163 - 164, 179.

[29] 杜威漩. 农田水利问题研究综述: 组织、制度与供给 [J]. 水利发展研究, 2011 (12): 6 - 11.

[30] 杜威漩. 准公共物品视阈下农田水利供给困境及对策 [J]. 节水灌溉, 2012 (7): 63 - 65.

[31] 段景辉, 陈建宝. 我国城乡家庭收入差异影响因素的分位数回归解析 [J]. 经济学家, 2009 (9): 46 - 53.

[32] 樊宝洪. 基于乡村财政视角的农村公共产品供给研究 [D]. 南京: 南京农业大学, 2007.

[33] 樊纲, 张晓晶. "福利赶超"与"增长陷阱": 拉美的教训 [J]. 管理世界, 2008 (9): 12 - 24.

[34] 范连生. 新中国成立初期的农田水利建设 [J]. 凯里学院学报，2012，30（2）：61 - 64.

[35] 方鸿. 我国财政支农政策及其资金效率研究 [D]. 成都：西南财经大学，2011.

[36] 方忠良. 农村农田水利设施情况调研与分析 [J]. 农村经济与科技，2014（12）：68 - 69.

[37] 丰亚丽，赵连学. 农田水利建设存在问题探析及其对策建议 [J]. 农业开发与装备，2009（6）：22 - 23.

[38] 封进，余央央. 中国农村的收入差距与健康 [J]. 经济研究，2007（1）：79 - 88.

[39] 冯耿. 湖南农村公共物品供给机制研究 [J]. 法制与社会，2008（15）：259 - 260.

[40] 冯云飞. 农田水利建设管理的历史回顾与改革进展 [J]. 水利发展研究，2008（12）：21 - 23.

[41] 付会洋. 农业的政治过程，国际竞争及国家主导发展下的农业变迁 [D]. 北京：中国农业大学，2017.

[42] 高培勇，杨志勇，杨立刚，夏杰长. 公共经济学 [M]. 北京：中国社会科学出版社，2007：30 - 31.

[43] 桂华. 农田水利治理要兼顾四重关系 [J]. 中国发展观察，2011（7）：47 - 48.

[44] 郭宏江. 小农水　大成效——小型农田水利重点县建设综述 [J]. 中国农村水利水电，2015（12）：64 - 65，69.

[45] 郭唐兵，叶文辉. 我国农田水利与农业增长关系的实证研究 [J]. 华东经济管理，2012（12）：84 - 88.

[46] 我国小型农田水利建设和管理机制：一个政策框架 [J]. 改革，2011（8）：5 - 9.

[47] 韩栋，赵越. 刍议农田水利存在的问题与发展对策 [J]. 中国水利，2013（9）：48 - 49.

[48] 韩鹏云. 农村社区公共产品供给：国家与村庄的链接 [D]. 南京：南京农业大学，2012.

[49] 韩清轩. 我国农田水利设施建设存在的问题与对策——从公共产品视角进行的分析 [J]. 山西财政税务专科学校学报，2007（1）：6 - 10.

[50] 韩喜平，金运. 二元结构下农田水利建设投融资体系构建 [J]. 理论探讨，2015（3）：91 - 94.

[51] 何磊. 中国农民收入差异分析 [J]. 财经理论研究，2014（2）：8 - 13.

[52] 何平均. 中国农业基础设施供给效率研究 [D]. 长沙：湖南农业大学，2012.

[53] 何平均，刘睿，胡晓宇. 农户小型农田水利投资意愿及影响因素的差异——基于粮食主产区和非主产区的比较 [J]. 湖南农业大学学报，2014（4）：1 - 6.

[54] 何寿奎. 农村水利多元供给模式选择及治理机制探讨 [J]. 农村经济，2016（4）：91 - 98

[55] 贺雪峰，郭亮. 农田水利的利益主体及其成本收益分析——以湖北省沙洋县农田水利调查为基础 [J]. 管理世界，2010 (7)：86-97.

[56] 胡鞍钢. 社会与发展：中国社会发展地区差距报告 [J]. 开发研究，2003 (4)：3-11.

[57] 胡国生. 基于农户行为的农田水利投资分析 [J]. 武汉金融，2014 (1)：64-65

[58] 胡继连，周玉玺，谭海鸥. 小型农田水利产业组织问题研究 [J]. 农业经济问题，2003 (3)：57-62.

[59] 胡静林. 完善财政支持政策体系 推动农田水利建设 [J]. 中国水利，2012 (22)：13.

[60] 胡学良. 小型农田水利建设与管理需要四种机制创新 [J]. 中国水利，2008 (22)：51-53.

[61] 黄彬彬，胡振鹏，刘青，桂发亮，刘伟兵. 农户选择参与农田水利建设行为的博弈分析 [J]. 中国农村水利水电，2012 (4)：1-4.

[62] 黄露，朱玉春. 异质性对农户参与村庄集体行动的影响研究——以小型农田水利设施建设为例 [J]. 农业技术经济，2017 (11)：61-71.

[63] 黄焱. 基于产权改革的小型农田水利设施建设与管理路径选择 [J]. 山东工业技术，2015 (10)：79.

[64] 纪平. 落实中央财政统筹政策 强化农田水利投入保障 [J]. 中国水利，2012 (15)：2.

[65] 贾林州，刘锐. 论乡村水利的经济基础——以豫南 A 镇农田水利调查为例 [J]. 天津行政学院学报，2012 (1)：76-81.

[66] 贾术艳，颜华. 发达国家农田水利建设与管理的特点及其经验借鉴 [J]. 中国农村水利水电，2014 (3)：150-153.

[67] 贾小虎，朱玉春. 农户农业收入差异视角下小型农田水利设施供给效果评估 [J]. 西北农林科技大学学报（社会科学版），2015 (6)：60-66.

[68] 贾小虎，朱玉春. 农田水利设施供给水平综合评价 [J]. 西北农林科技大学学报（社会科学版），2016 (5)：94-100.

[69] 贾小虎，马恒运，等. 考虑农户收入差异的农田水利设施供给效果综合评价 [J]. 农业工程学报，2018 (17)：1-8.

[70] 贾小虎，马恒运，等. 集体禀赋异质性与小型农田水利公共物品参与式供给 [J]. 农业技术经济，2018 (6)：19-31.

[71] 贾小虎. 计划行为理论视角下农户参与小型农田水利设施建设意愿分析 [J]. 中国农村水利水电，2018 (1)：4-9.

[72] 贾晓青. 完善农田水利基础设施建设的财税政策选择 [J]. 中国集体经济，2016 (24)：75-76.

[73] 姜文来. 水权及其作用探讨 [J]. 中国水利，2000 (12)：13-14.

[74] 蒋邦全. 农田水利基础设施建设现状及困境探讨 [J]. 现代商贸工业，2010 (2)：67.

[75] 靳轲，陈蕾. 基于 DEA 方法的农田水利工程建设管理政策绩效分析——以河南省为例

[J]. 水利发展研究, 2015 (9): 44-49.

[76] 孔祥智, 涂圣伟. 农户对公共物品的需求偏好及影响因素研究——以农田水利设施为例 [C]. 第四届中国农业现代化国际研讨会暨第 8 届欧洲中国农业农村发展论坛论文集, 2006: 179-192.

[77] 匡贤明. 公共服务是如何促进经济增长的?——基于分工的视角 [J]. 晋阳学刊, 2008 (3): 52-56.

[78] 李强, 罗仁福, 刘承芳. 新农村建设中农民最需要什么样的公共服务——农民对农村公共物品投资的意愿分析 [J]. 农业经济问题, 2006 (10): 15-20.

[79] 李德洗. 非农就业对农业生产的影响——基于农户视角的研究 [D]. 杭州: 浙江大学, 2014.

[80] 李洁. 关于深化水利投融资体制改革的思考 [J]. 生态经济, 2013 (5): 160-162

[81] 李进英, 赵经华, 王梅, 周振升. 河北省农村公共物品供给机制研究 [J]. 安徽行政学院学报, 2010 (1): 53-56.

[82] 李景景, 朱玉春. 农田水利设施供给效果评估——来自 341 份农户的数据 [J]. 江苏农业科学, 2014 (6): 419-422.

[83] 李景奇. 中国农业的现状和前景展望 [J]. 中国农业信息, 2013 (17): 175-176.

[84] 李泉. 中国农田水利发展: 反思与检讨——兼论城乡一体化进程中的农村公共产品供给 [J]. 中国农村水利水电, 2012 (8): 1-4, 8.

[85] 李胜文, 闫俊强. 农村基础设施及其空间溢出效应对农村经济增长的影响 [J]. 华中农业大学学报 (社会科学版), 2011 (4): 10-14.

[86] 李小宏. 农村水利建设的现状及建议 [J]. 现代农业, 2014 (2): 84.

[87] 李晓勇, 秦海生. 我国农业节水灌溉发展研究 [J]. 农机市场, 2013 (10): 25-27.

[88] 李燕凌. 农村公共品供给效率实证研究 [J]. 公共管理学报, 2008 (2): 14-23.

[89] 李燕琼. 我国小型农田水利建设的制度创新与实践 [J]. 经济体制改革, 2003 (4): 82-85.

[90] 李英哲. 我国农村公共产品供求及制度创新研究 [D]. 成都: 西南财经大学, 2010.

[91] 李鹰. 强化依法治水管水 保障水利改革发展 [J]. 中国水利, 2015 (24): 6-7.

[92] 李宗才, 韦春生. 对农村小型农田水利设施建设的思考 [J]. 合肥师范学院学报, 2010 (5): 30-33.

[93] 连英祺. 我国农田水利建设的融资方式选择研究 [J]. 农业经济问题, 2012, 33 (1): 88-92.

[94] 廖永松. 农业水价改革: 问题与出路 [J]. 中国农村水利水电, 2004 (3): 74-77.

[95] 林建衡. 我国现行农村公共物品供给机制探析 [J]. 沈阳工程学院学报 (社会科学版), 2006 (4): 463-464.

[96] 凌玉. 农田水利基础设施建设及用水效率的研究综述 [J]. 农村经济与科技, 2015

(8)：68-69，190.

[97] 刘泊宇. 现代农田水利工程建管模式研究 [D]. 武汉：武汉大学，2017.

[98] 刘海英. 广东农田水利基础设施现状及其管理体制改革 [J]. 华南农业大学学报（社会科学版），2008（1）：38-44.

[99] 刘寒波，刘婷婷，王贞. 地方公共服务供给对区域间要素流动的影响——不考虑本地交易成本的均衡分析 [J]. 系统工程，2007（9）：73-79.

[100] 刘力，谭向勇. 粮食主产区县乡政府及农户对小型农田水利设施建设的投资意愿分析 [J]. 中国农村经济，2006（12）：32-36，54.

[101] 刘庆，朱玉春. 社会资本对农户参与小型农田水利供给行为的影响研究 [J]. 农业技术经济，2015（12）：32-41.

[102] 刘石成. 我国农田水利设施建设中存在的问题及对策研究 [J]. 宏观经济研究，2011（8）：40-44.

[103] 刘天军，唐娟莉，霍学喜. 农田公共物品供给效率测度及影响因素研究——基于陕西省的面板数据 [J]. 农业技术经济，2012（2）：63-73.

[104] 刘天军. 农业基础设施项目管理研究 [D]. 杨凌：西北农林科技大学，2008.

[105] 刘续棵. 对测量不平等的泰尔指数和基尼系数比较 [J]. 经济研究导刊，2014（7）：12-13.

[106] 刘永功，余璐. 村庄公共产品供给机制研究 [J]. 中国农业大学学报（社会科学版），2006（2）：1-5.

[107] 刘岳，刘燕舞. 当前农田水利的双重困境 [J]. 探索与争鸣，2010（5）：42-45.

[108] 刘在思. 农田水利设施建设与管护 [J]. 农民致富之友，2015（19）：91.

[109] 柳长顺. 保障粮食安全和促进农民增收的农田水利发展对策 [J]. 农村金融研究，2011（6）：54-58.

[110] 柳长顺，周晓花. "三农" 问题中的水利政策研究 [J]. 中国水利，2010（23）：41-42.

[111] 陆迁. 微观经济学 [M]. 杨凌：西北农林科技大学出版社，2003：196-197.

[112] 罗东. 我国中央政府农业投资分析——规模、结构与体制 [D]. 北京：中国农业科学院，2014.

[113] 罗芳，马卫民. 小型农田水利的农户参与式管理研究进展与述评 [J]. 国土资源科技管理，2015（6）：67-75.

[114] 罗文斌，吴次芳，倪尧，杨贤美. 基于农户满意度的土地整理项目绩效评价及区域差异研究 [J]. 中国人口·资源与环境，2013（8）：68-74.

[115] 罗兴佐，刘书文. 市场失灵与政府缺位——农田水利的双重困境 [J]. 中国农村水利水电，2005（6）：24-26.

[116] 骆永民. 公共物品、分工演进与经济增长 [J]. 财经研究，2008（5）：110-116.

[117] 吕晨钟. 农田水利建设对粮食产量的影响研究——以水库建设为例 [J]. 中国农机化学报，2013 (5)：278 - 280.

[118] 吕达. 公共物品的私人供给机制及其政府行为分析 [J]. 云南行政学院学报，2005 (1)：58 - 60.

[119] 吕俊. 小型农田水利设施供给机制：基于政府层级差异 [J]. 改革，2012 (3)：59 - 65.

[120] 马承新. 关于当前农田水利建设若干问题的思考 [J]. 中国水利，2006 (5)：16 - 17.

[121] 马晓丽，夏芸. 基于泰尔指数的甘肃区域收入差距比较 [J]. 价格月刊，2008 (2)：22 - 25.

[122] 曼瑟尔·奥尔森. 集体行动的逻辑 [M]. 上海：上海格致出版社，2014：36 - 40.

[123] 毛春梅. 农业水价改革与节水效果的关系分析 [J]. 中国农村水利水电，2005 (4)：2 - 4.

[124] 倪文进，周玉，杨明翰. 各地加强农田水利改革发展政策综述 [J]. 中国水利，2014 (11)：1 - 3.

[125] 倪细云，文亚青. 农田水利基础设施建设的影响因素：陕西 437 户样本 [J]. 改革，2011 (10)：85 - 92.

[126] 庞辉，周密，黄利. 财政支持小型农田水利设施建设的中外比较与分析 [J]. 农业经济，2014 (3)：47 - 49.

[127] 彭代彦，吴宝新. 农村内部的收入差距与农民的生活满意度 [J]. 世界经济，2008 (4)：79 - 85.

[128] 彭长生，孟令杰. 异质性偏好与集体行动的均衡：一个理论分析框架 [J]. 南开经济研究，2007 (6)：142 - 150.

[129] 钱里程，卢小广. 农村水利投入效率评价研究 [J]. 中国农村水利水电，2014 (11)：6 - 9，14.

[130] 秦承敏. 农田水利政策对气候变化的应对能力研究 [J]. 安徽农业科学，2011，39 (25)：15632 - 15635.

[131] 沈琪昌. 基于新农村视角的我国农田水利建设 [J]. 安徽农业科学，2011，39 (12)，7414 - 7415.

[132] 施国庆. 水利工程建设与农民收入相关性分析 [J]. 中国农村经济，2002 (4)：14 - 67.

[133] 石洪斌. 新农村建设与农村公共物品供给机制创新 [J]. 中共浙江省委党校学报，2006 (5)：69 - 73.

[134] 石茵. 建国以来党领导水利建设的政策与实践 [D]. 大庆：东北石油大学，2014.

[135] 宋保胜. 河南省粮食核心区农田水利设施状况调查 [J]. 江苏农业科学，2012，40 (3)：361 - 363.

[136] 宋超群，周玉玺．小型农田水利设施供给模式研究 [J]．现代农业，2010（12）：131-134.

[137] 宋紫峰，周业安．收入不平等、惩罚和公共品自愿供给的实验经济学研究 [J]．世界经济，2011（10）：35-54.

[138] 孙海龙，王环．我国政府农田水利设施建设的职能探析 [J]．山东理工大学学报（社会科学版），2012，28（3）：22-27.

[139] 孙经磊．浅谈农田水利的改造建设 [J]．黑龙江科技信息，2014（5）：260.

[140] 孙良顺．小型农田水利设施供给机制的困境及路径选择 [J]．南通大学学报（社会科学版），2016（1）：119-124.

[141] 孙梅英，马素英，顾宝群，李月霞．农业灌溉水费"暗补"改为"明补"的必要性与可行性 [J]．水利经济，2011（1）：35-37.

[142] 孙小燕．产权改革反思：小型农田水利设施建设与管理路径选择 [J]．宏观经济研究，2011（12）：89-95.

[143] 唐华仓．生产要素对粮食产量的贡献系数分析 [J]．生产力研究，2007（12）：20-21.

[144] 唐娟莉．基于农户收入异质性视角的农村道路供给效果评估——基于晋、陕、蒙、川、甘、黔农户的调查 [J]．上海财经大学学报，2013（6）：88-95.

[145] 唐娟莉．基于农户满意视角的农村公共服务投资效率研究 [D]．杨凌：西北农林科技大学，2012.

[146] 唐忠，李众敏．改革后农田水利建设投入主体缺失的经济学分析 [J]．农业经济问题，2005（2）：34-40.

[147] 万红燕，李仕兵．基于主成分回归分析的我国城镇居民收入差异的实证研究 [J]．预测，2009（1）：77-80.

[148] 王爱国，倪文进，周玉，李积彦．关于民间资本投入农村水利建设管理问题的研究报告 [J]．中国农村水利水电，2015（8）：1-3.

[149] 王朝明，杜辉．农业水利设施的历史变迁与治理政策选择 [J]．改革，2011（1）：65-73.

[150] 王春来．农村公共产品供给问题研究综述及转型期思考——以小型农田水利设施为例 [J]．中国农村水利水电，2013（5）：92-95.

[151] 王德平，魏志亮．财政支持是抓好农田水利建设的重要保障——对我省财政支持农田水利建设的调研 [J]．陕西水利，2008（6）：07-08.

[152] 王福东．辽宁省小型农田水利建设的调查与思考 [J]．中国农村水利水电，2007（6）：46-48.

[153] 王广深，吴心翔，廖小梅．农民对农田水利建设的投资意愿及其影响因素——基于对广东303户农户的调查 [J]．水利经济，2013（2）：50-54.

[154] 王广深，侯石安．中外农田水利建设补贴政策比较研究［J］．内蒙古社会科学，2009，30（4）：74 - 78.

[155] 王广深，王金秀．促进小型农田水利建设的财政支出政策研究［J］．环境保护，2008（4）：12 - 15.

[156] 王济川，谢海义，姜宝海．多层统计分析模型——方法与应用［M］．北京：高等教育出版社，2008.

[157] 王姣．政府农田水利建设管理研究评述：困境与对策［J］．农村经济与科技，2014（4）：102 - 104.

[158] 王金霞，黄季焜，ScottROzene．地下水灌溉系统产权制度的创新与理论解释——小型水利工程的实证研究［J］．经济研究，2004（4）：66 - 74.

[159] 王俊霞，王静．农村公共产品供给绩效评价指标体系的构建与实证性检验［J］．当代经济科学，2008（2）：18 - 24.

[160] 王俊霞，张玉，鄢哲明，李雨丹．基于组合赋权方法的农村公共产品供给绩效评价研究［J］．西北大学学报（哲学社会科学版），2013（2）：117 - 121.

[161] 王克强，王春明，俞虹．农田水利基础设施农户参与管理决策机制研究［J］．农村经济，2011（9）：92 - 95.

[162] 王雷，赵秀生，何建坤．农民用水户协会的时间及问题分析［J］．农业技术经济，2005（1）：36 - 39.

[163] 王蕾，朱玉春．基于农户视角的农村公共产品供给效果评价［J］．西北农林科技大学学报（社会科学版），2012，12（4）：24 - 29.

[164] 王蕾，朱玉春．基于农户收入异质性视角的农田水利设施供给效果分析［J］．软科学，2013（9）：122 - 126.

[165] 王蕾．基于不同收入水平农户的农田水利设施供给效果研究［D］．杨凌：西北农林科技大学，2014.

[166] 王蕾，杜栋．农田水利设施供给水平、农户需求意愿与供给效果研究［J］．中国管理科学，2015（23）：370 - 377.

[167] 王蕾，杜栋，郭志勤，马海良．农田水利设施供给水平、农户需求意愿与供给效果［J］．经济问题，2016（2）：97 - 102.

[168] 王立贤．对农田水利设施建设的思考［J］．北京农业，2013（24）：197 - 198.

[169] 王巧义，刘启生．关于小型农田水利建设投融资问题的思考［J］．农业经济，2011（7）：53 - 54.

[170] 王蓉．地方政府参与农田水利建设的激励机制探析［J］．地市地理，2014（20）：133 - 134.

[171] 王瑞芳．大跃进时期农田水利建设得失问题研究评述［J］．北京科技大学学报（社会科学版），2008（4）：122 - 130.

[172] 王树宝，陈文顺."一事一议"政策与农田水利建设 [J]. 中国农村水利水电，2007 (11)：37-38.

[173] 王顺乾. 浅析农田水利工程建设的难点及其解决措施 [J]. 广东科技，2014 (24)：103-104.

[174] 王伟. 我国水利资金配置问题研究 [J]. 中国水利，2002 (2)：24-37.

[175] 王务华. 公共财政投资农田水利效益分析及建议 [J]. 中国水利，2013 (11)：20-22.

[176] 王先成. 农田水利基础设施的供给问题探讨 [J]. 吉林水利，2013 (4)：18-20，24.

[177] 王昕. 关于农业灌溉水价的探讨 [J]. 地下水，2006 (6)：129-131.

[178] 王昕，陆迁. 中国农业水资源利用效率区域差异及趋同性检验实证分析 [J]. 软科学，2014 (11)：133-137.

[179] 王英辉，薛英焕. 我国农村水利设施产权困境的住读经济学分析 [J]. 中国农村水利水电，2013 (9)：168-172.

[180] 王月琴，刘毅. 我国小型农田水利发展的 SWOT 分析 [J]. 中国农村水利水电，2011 (11)：160-163.

[181] 魏红亮. 中国水利投融资体制创新研究 [D]. 武汉：武汉大学，2013.

[182] 温立平. 小型农田水利工程的公益性探讨——民间资金建设农田水利工程案例的分析 [J]. 中国农村水利水电，2007 (6)：49-50.

[183] 吴春梅. 转型期中国农村公共产品供给体制改革研究 [D]. 武汉：华中农业大学，2007.

[184] 吴春玉. 探索农田水利建设的可持续发展与生态平衡 [J]. 中国农业信息，2015 (23)：107.

[185] 吴丹，朱玉春. 农村公共产品供给能力评价体系的多维观察 [J]. 改革，2011 (9)：86-91.

[186] 吴丹，朱玉春. 基于随机森林方法的农村公共产品供给能力影响因素分析——以农田水利基础设施为例 [J]. 财贸研究，2012 (2)：39-44.

[187] 吴虹. 基于模糊综合评判法的高校教师教学质量评价体系的构建 [J]. 统计与决策，2010 (3)：166-168.

[188] 吴雪明，张文方，彭星芸，陈秋萍. 我国农村水利建设与管护问题调研报告 [J]. 中国农村水利水电，2012 (11)：160-163.

[189] 武玉峰. 关于小型农田水利基础设施建设的问题与建议 [J]. 农业与技术，2014 (11)：68-69.

[190] 徐泷. 海安县："四个一"管理小型农田水利工程 [J]. 中国水利，2014 (23)：6.

[191] 徐松，刘兴维. 试析我国水利建设效益长期低下的原因 [J]. 中国农村经济，2001 (6)：66-71.

[192] 徐志方. 各国用水协会管理经验评述 [J]. 中国农村水利水电, 2002 (6): 1-6.

[193] 许三虎. 双重失灵困境下 PPP 模式供给农村水利设施探析 [J]. 河南商业高等专科学校学报, 2013, 26 (4): 11-14.

[194] 严以新, 杨邦杰, 李远华. 农田水利建设是农业增产之本 [J]. 中国发展, 2009, 9 (2): 1-6.

[195] 杨德全. 新型城镇化进程中的农村水利建设问题与对策 [J]. 节水灌溉, 2013 (12): 2-3.

[196] 杨辉. 浅谈礼泉县农田灌溉现状及解决思路 [J]. 陕西水利, 2015 (4): 181-182.

[197] 杨立波. 浅析我国农田水利有效供给机制 [J]. 黑龙江科技信息, 2014 (36): 255.

[198] 杨鑫. 太平洋产险河南分公司联手河南省水利厅深化中央农田水利设施管护政策 [J]. 农村·农业·农民, 2016 (8): 46.

[199] 杨永华. 对我国农田水利建设滞后的原因透视及立法思考 [J]. 农业经济, 2011 (1): 3-5.

[200] 杨振. 农户收入差异对生活用能及生态环境的影响——以江汉平原为例 [J]. 生态学报, 2011 (1): 239-246.

[201] 姚升, 张士云. 粮食主产区农村公共产品供给影响因素分析 [J]. 农业技术经济, 2011 (2): 110-111.

[202] 叶文辉, 孙莉莉, 姚永秀. 农田水利供给的有效性分析——以云南省为例 [J]. 经济问题, 2015 (9): 73-80.

[203] 叶文辉, 张琰, 叶效彤. 公共经济学视角看云南农田水利建设——以 2010 年西南大旱为例 [J]. 云南师范大学学报 (哲学社会科学版), 2012 (3): 109-116.

[204] 易行健, 张波, 杨汝岱, 杨碧云. 家庭社会网络与农户储蓄行为: 基于中国农村的实证研究 [J]. 管理世界, 2012 (5): 43-51.

[205] 尹文静. 农村公共投资对农户投资影响研究 [D]. 杨凌: 西北农林科技大学, 2010.

[206] 尹云松, 糜仲春. 建立水权市场对农村发展的影响及其应对措施 [J]. 农业经济问题, 2004 (7): 45-47.

[207] 于海涛, 张昕. 小型农田水利设施建设的政策变化研究 [J]. 科技资讯, 2009 (25): 43.

[208] 于良, 刘永强, 陈春丽, 张丽丽. 新时期农田水利投资主体构建探讨 [J]. 中国农村水利水电, 2012 (4): 5-7.

[209] 俞锋, 董维春, 周应恒. 农村生产性公共产品需求的归因与实证——以常州农田水利设施为例 [J]. 安徽农业科学, 2008 (36): 205-208.

[210] 俞雅乖. 我国农田水利财政支出效率的省际差异分析 [J]. 农业经济问题, 2013 (4): 55-63.

[211] 俞雅乖. "一主多元" 农田水利基础设施供给体系分析 [J]. 农业经济问题, 2012,

33 (6)：55 - 60，111.

[212] 袁俊林. 农户参与小型农田设施管护行为的进化博弈分析 [J]. 水利发展研究，2015
(5)：47 - 50.

[213] 袁伟民，等. 我国农业水资源管理相关研究的分析与评价 [J]. 中国农机化学报，
2013，34 (4).

[214] 袁彦，雷建民. 浅谈目前农田水利的双重困境 [J]. 科技创新导报，2014 (35)：111.

[215] 袁玉友，李娟. 财政支持农田水利建设的政策建议 [J]. 中国财政，2013 (5)：
59 - 60.

[216] 张宝山. 打通农业命脉"最后一公里"[J]. 中国人大，2015 (19)：12 - 13.

[217] 张广明. 关于小型农田水利建设与管理的几点建议 [J]. 广东科技，2009 (24)：
23 - 24.

[218] 张果，吴耀友，段俊. "走出'公地悲剧'—'农村水利供给内部市场化'制度模式
的选择"[J]. 农村经济，2006 (8)：17 - 21.

[219] 张红娟. 平罗县灌溉农业发展面临的主要问题及对策 [J]. 甘肃农业，2013 (9)：20.

[220] 张建伟，杨丽，刘朝，杜君楠. 农户参与小型农田水利设施投资意愿影响因素的实证
分析：基于陕西省乾县农户的调查数据 [J]. 河南科技，2013 (9)：246 - 248.

[221] 张建中. 深化改革 政策扶持 夯实基础 全面提升农田水利保障能力和服务水平 [J].
山西水利，2015 (4)：20 - 21，24.

[222] 张进华. 我国农田水利政策变迁及其绩效研究 [D]. 重庆：西南政法大学，2010.

[223] 张凯，马培衢. 农田水利建设与管理：国际经验与启示——以中国河南省为例 [J].
世界农业，2016 (2)：51 - 55.

[224] 张宁. 农村小型水利工程农户参与式管理及效率研究 [D]. 杭州：浙江大学，2007.

[225] 张全红. 我国小型农田水利设施治理模式比较 [J]. 农场经济管理，2006 (5)：
31 - 32.

[226] 张淑欣. 完善农田水利基础设施建设的财税政策选择 [J]. 地方财政研究，2010
(12)：34 - 39.

[227] 张淑欣. 推进小型农田水利设施建设的财税政策 [J]. 西南农业大学学报（社会科学
版），2011 (3)：32 - 36.

[228] 张晓晶，汪红驹，常欣. 增长失衡与政府责任——基于社会性支出角度的分析 [J].
经济研究，2006 (10)：4 - 17.

[229] 张学强. 农田水利建设在农业生产中的作用 [J]. 科技创新与应用，2014 (24)：204

[230] 张岩松，朱山涛. 财政支持农田水利建设政策取向的几点思考 [J]. 财政研究，2013
(3)：36 - 40.

[231] 张琰，叶文辉，杨小明，沈青. 近年来农田水利设施建设问题的研究——以云南为例
[J]. 经济问题探索，2011 (5)：180 - 185.

[232] 张喻. 取消农业税对我国农村公共品供给的重要影响 [J]. 农村经济，2006（3）：82-84.

[233] 张岳. 中国水利发展战略文集 [M]. 北京：中国水利水电出版社，2004：218-261.

[234] 张志雄. 农田水利建设保障农业生产现状、问题与对策探析 [J]. 现代经济信息，2013（13），350-351.

[235] 赵佳佳. 公共服务结构对区域经济影响的实证分析 [J]. 东北财经大学学报，2008（5）：32-37.

[236] 支勉，朱玉春. 小型农田水利设施农户需求影响因素研究 [J]. 北方园艺，2014（14）：213-218.

[237] 中国老年科协农田水利专题调研组. 我国农田水利建设存在的问题与建议 [J]. 中国水利，2009（11）：13-14.

[238] 周洪科. 浅论小型农田水利设施的民间供给模式 [J]. 才智，2012（28）：257.

[239] 周霞，胡继胜，周玉玺. 我国流域水资源产权特性与制度建设 [J]. 经济理论与经济管理，2001（12）：11-15.

[240] 周晓平，郑垂勇，陈岩. "小型农田水利工程产权制度改革动因的博弈解释" [J]. 节水灌溉，2007（3）：54-57.

[241] 周学文. 贯彻落实中央统1号文件精神 全面加快水利基础设施建设 [J]. 中国水利，2011（6）：22-24.

[242] 周学文. 新一轮大规模水利建设中需要重视的几个问题 [J]. 中国水利，2011（20）：6-9.

[243] 周玉玺，胡继连，周霞. "农田水利基础设施的供给制度选择" [J]. 改革，2005（3）：59-65.

[244] 朱红根，翁贞林，康兰媛. 农户参与农田水利建设意愿影响因素的理论与实证分析 [J]. 自然资源学报，2010（4）：539-546.

[245] 朱杰敏，张玲. 农业灌区水价政策及其对节水的影响 [J]. 中国农村水利水电，2007（11）：137-140.

[246] 朱伟，刘春成，高峰，冯保清. 论农田水利供给效率影响因素的二维二层模型及路径选择 [J]. 安徽农业科学，2013（12）：5510-5514.

[247] 朱玉春，唐娟莉，罗丹. 农村公共品供给效果评估：来自农户收入差距的响应 [J]. 管理世界，2011（9）：74-80.

[248] 朱玉春，唐娟莉. 农村公共产品投资满意度影响因素分析——基于西北五省农户的调查 [J]. 公共管理学报，2010（3）：31-38.

[249] 朱玉春，王蕾. 不同收入水平农户对农田水利设施的需求意愿分析——基于陕西、河南调查数据的验证 [J]. 中国农村经济，2014（5）：76-86.

[250] 朱云章. 中部粮食主产区农田水利投资绩效分析——以河南省为例 [J]. 科学·经济·

社会，2011（2）：58-62.

[251] 庄丽娟，贺梅英，张杰.农业生产性服务需求意愿及影响因素分析［J］.中国农村经济，2011（3）：70-78.

[252] 邹晓丹.农田水利工程建设在生态农业建设中的重要地位［J］.农民致富之友，2015（21）：169.

[253] Adler P S，Kwon S W. Social capital：Prospects for a new concept［J］. Academy of management review，2002，27（1）：17-19.

[254] Antonio Afonso，Sonia Fernandes. Assessing and explaining the relative efficiency of local government［J］. The Journal of Socio - Economics，2008（37）：1946-1979.

[255] Andreoni，J. Why free ride?：Strategies and learning in public goods experiments［J］. Journal of public Economics，1988，37（3）：291~304.

[256] Araral Jr，E. Is Foreign Aid Compatible with Good Governance? ［J］. Policy and Society，2007，26（2）：1-14.

[257] Asehauer，D. A. IsPublieExPenditureProduetive? ［J］. Journal of Monetary Eeonomies. 1989（23）：177-200.

[258] Bentler，P. M. EQS Structural Equations Program Manual［R］. Los Angeles，CA：BMDP，1989.

[259] Bhuyan，S. The "People" Factor in Cooperatives：An Analysis of Members' Attitudes and Behavior［J］. Canadian Journal of Agricultural Economics，2007，55（3）：275-298.

[260] Bourdieu，P. The forms of capital［R］. Handbook of theory and research for the sociology of education，1986：241-258.

[261] Boulding，Kenneth E. Discussion - Environmental Pullution：Economics and Policy［J］. American Economic Review，1971（61）：167-169.

[262] Burt R S. Structural holes：The social structure of competition［M］. Harvard university press，2009：31-34.

[263] Buchanan，James M.，and Wm. Craig Stubblebine. Externality［J］. Economica，1962（29）：371-384.

[264] Coase，R. H. The market for goods and the market for ideas［J］. The American Economic Review，1974：384-391.

[265] Chandra，Thompson. Does Public Infrastructure Affect Economic Activity? Evidence from the rural interstate highway system［R］. Regional Science and Urban Economics，2000：30.

[266] Coase，R. H. The Problem of Social Cost［J］. Journal of Law and Economics，1960（2）：1-44.

[267] Coase. The Firm, the Market and the Law [M]. Chicago: University of Chicago Press, 1988: 26 - 27.

[268] Cohen D, Prusak L. In good company: How social capital makes organizations [M]. work. Harvard Business Press, 2001: 78 - 82.

[269] Dasgupta P, Serageldin I. Social Capital: A Multifaceted Perspective [R]. Washington, DC: The World Bank, 2000: 322 - 331.

[270] Dessus, Herrera • Public Capital and Growth Revisited: A Panel Data Assessment [J]. Economic Development and Culture Change, 2000 (2): 407 - 418.

[271] Erniel B. Barrios, Infrastructure and rural development: Household perceptions on rural development [J]. Progress in Planning, 2008 (70): 1 - 44.

[272] Fan, S., Hazell, P., Throat, S. Linkages between government spending, growth, and poverty in rural India [R]. International Food Policy Research Institute, 1999.

[273] Frank, S. A. A general model of the public goods dilemma [J]. Journal of evolutionary biology, 2010, 23 (6): 1245 - 1250.

[274] Gaspart F, Platteau J P, de la Vierge R. Heterogeneity and collective action for effort regulation: Lessons from the Senegalese small - scale fisheries [R]. Inequality, cooperation, and environmental sustainability, 2007: 159 - 204.

[275] Gebrehaweria Gebregziabher, Regassa E. Namara, Stein Holden. Poverty reduction with irrigation investment: an empirical case study from Tigray, Ethiopia [J]. Agriculture Water Management, 2009 (96): 1837 - 1843.

[276] Guiso, L., Sapienza, P., and Zingales, L. Cultural biases in economic exchange? [J]. The Quarterly Journal of Economics, 2009, 124 (3): 1095 - 1131.

[277] Heckman, J. J. Sample selection bias as a specification error [J]. Econometrica: Journal of the econometric society, 1979: 153 - 161.

[278] Hugh Turral, Mark Svendsen, Jean Marc Faures. Investing in irrigation: reviewing the past and looking to the future [J]. Agriculture water management, 2010 (97): 551 - 560.

[279] Hussain, I., Hanjra, M. Irrigation and poverty alleviation: review of the empirical evidence [J]. Irrigation and Drainage, 2004 (53): 1 - 15.

[280] Isham, J., Institutional Determinants of the Impact of Community - Based Water Services: Evidence from Sri Lanka and India [J]. Economic Development and Cultural Change, 2002, 50 (3): 667 - 691.

[281] Johansson R C, Tsur Y, Roe TL. Pricing irrigation water: a review of theory and practice [J]. Water Policy, 2002 (4): 173 - 199.

[282] Johnston, W. E. The Economists Role in Water Pricing Policy. Proceedings: Water

Pricing Policy Conference [D]. California university at Los Angeles, 1968: 28 - 40.

[283] Kundu, P. S. Rural infrastructure needs for poverty alleviation [R]. IABSE Conference New. Role of structural engineers towards reduction of poverty, 2005: 87 - 94.

[284] Kurian M. Farmer managed irrigation and governance of irrigation service delivery: analysis of experience and best practice [R]. ISS Working Paper Series/General Series, 2001: 1 - 40.

[285] Lin N. Social capital: A theory of social structure and action [M]. Cambridge University Press, 2003: 102 - 111.

[286] Mahmood Ahmad. Water pricing and market in the Near East: policy issues and options [J]. Water Policy, 2000: 229 - 242.

[287] Meinzen, D. R. &. Margreet, Z. Gendered. Participation in water management: Issues and illustrations from water users' associations in South Asia [J]. World Development, 2005, 18 (2): 89 - 101.

[288] Munnell. A. 15ThereaSflortfallinPublieCapitalInvestment? [R]. Proceedings of a Conferenee, 1993.

[289] Narayan, D. , and Pritchett, L. Cents and sociability: Household income and social capital in rural Tanzania [J]. Economic development and cultural change, 1999, 47 (4): 871 - 897.

[290] Olson, M. , and Olson, M. The logic of collective action: public goods and the theory of groups (Vol. 124) [M]. Harvard University Press, 2009.

[291] Ostrom, E. Governing the Commons: The Evolution of Institutions for Collective Action [M]. Cambridge University Press, 1990: 493 - 535.

[292] Papandreou, Andreas. Externality and Institution [M]. Oxford: Clarendon Press, 1994.

[293] Prokopy L S. The relationship between participation and project outcomes: Evidence from rural water supply projects in India [J]. World Development, 2005, 33 (11): 1801 - 1819.

[294] Qiuqiong Huang, Scott Rozelle, Bryan Lohmar, Jikun Huang, Jinxia Wang. Irrigation, agricultural performance and poverty reduction in China [J]. Food Policy, 2006 (31), 30 - 52.

[295] Rahn, W. M. , Brehm, J. , and Carlson, N. National elections as institutions for generating social capital [R]. Civic engagement in American democracy, 1999: 111 - 160.

[296] Robert W. Helsley &. William C. Strange. Exclusion and the Theory of Clubs [J]. Canadian Journal of Economics, Canadian Economics Association, 1991, 24 (4): 889

- 899. November.

[297] Rosegrant，M. ，Evenson，R，Agricultural productivity and sources of growth in South Asia [J]. American Journal of Agricultural Economics，1992：757 - 761.

[298] Spencer，J. R. ，Lebofsky，L. A. ，and Sykes，M. V. Systematic biases in radiometric diameter determinations [J]. Icarus，1989，78 (2)：337 - 354.

[299] Schoolmaster F A. Water. Marketing and Water Rights Transfers in the lower Rio Grande Valley Texas [M]. Prof. Geographer，1991：24 - 26.

[300] Tabachnica B. G. ，& Fidell，L. S. Using Multivariate Statistics [M]. (5th Ed.). Boston，MA：Allyn & Bacon，2007：1 - 25.

[301] Thoni，C. ，Tyran，J. R. ，and Wengström，E. Microfoundations of social capital [J]. Journal of Public Economics，2012，96 (7)：635 - 643.

[302] Vermollion，D. L. Garces Restrepo. Irrigation Management Transfer in Colombia：A Pilot experiment and Its Consequences [A]. Short Report Series on Locally Managed Irrigation. Colombo，SriLanka，1996：5.

[303] Uphoff，N. Understanding social capital：learning from the analysis and experience of participation [R]. Social capital：A multifaceted perspective，2000：215 - 249.

[304] Woolcock，M. ，and Narayan，D. Social capital：Implications for development theory, research and policy [J]. The world bank research observer，2000，15 (2)：225 - 249.

图书在版编目（CIP）数据

基于农户收入差异视角的农田水利设施供给效果研究 /
贾小虎著 . —北京：中国农业出版社，2019.12
ISBN 978-7-109-26370-3

Ⅰ. ①基… Ⅱ. ①贾… Ⅲ. ①农田水利—水利工程管
理—研究—中国 Ⅳ. ①S279.2

中国版本图书馆 CIP 数据核字（2019）第 294946 号

中国农业出版社出版
地址：北京市朝阳区麦子店街 18 号楼
邮编：100125
责任编辑：赵 刚
版式设计：韩小丽 责任校对：刘丽香
印刷：北京万友印刷有限公司
版次：2019 年 12 月第 1 版
印次：2019 年 12 月北京第 1 次印刷
发行：新华书店北京发行所
开本：720mm×960mm 1/16
印张：11.5
字数：205 千字
定价：45.00 元
